定期借地権とサスティナブルコミュニティ

ポスト公庫時代と住宅システム

定期借地・住宅地経営研究会［編著］

井上書院

推薦のことば

定期借地・住宅地経営研究会編著『定期借地権とサスティナブル・コミュニティ』を推薦したい。

この書物は、現在の大不況の先に見えてくる新しい日本の住宅社会のメガトレンドを踏まえ、住宅を求める生活者、住宅を供給しようとする住宅建設業者、そしてコミュニティ設計に責任のある自治体や関係機関あるいは団体などがどうすればよいか、明確な指針を提供してくれる。

日本は高齢・成熟社会に入ったが、そこではこれまでの成長時代の常識やビジネスモデルが通用しなくなり、多くの構造問題を抱えるようになった。それらの問題の中で、おそらく最大の課題が住宅問題である。

日本は第二次世界大戦の焼野原の中から立ち上がり、わずか四半世紀のうちに全世帯数を上回る住宅を建設するという世界史的な奇蹟を成し遂げた。その奇蹟は、将来の成長期待の下で急騰した地価と賃金・所得の持続的上昇をテコに達成されたのだが、今や状況が一八〇度転換してしまった。

人口減少の展望の下で、成長への期待が消滅し、地価の低下が続く中で、かつての〝成功〟が皮肉にも深刻な構造的困難に転化したのである。

すなわち、これまでの土地利用、住宅建設、住宅政策や税制のあり方の下では、土地は減価のおそれと、税などコスト負担をかかえた〝負の資産〟となり、また住宅も流通性を欠き急速に減価する〝負の資産〟となってしまったからである。

本書では、そうした経済社会のメガトレンドの歴史的転換を見据えたうえで、土地や住宅など国民の貴重な資産が有用な社会的資産として価値を失わず、資産を持とうとする個人や資産を管理する専門企業や団体などにとってむしろ価値を高め、新たな資産形成戦略としても活用しうるような住宅システムのあり方を体系的、具体的そして実践的に提案している。

とりわけ日本の実情を踏まえたうえで、英国のガーデンシティの実績や、アメリカのＨＯＡ（ホームオーナーズ・アソシエイション、住宅地管理協会）の経験に含まれる有益な知恵を、具体的に制度改革やビジネスプランとして提案している。

戸谷英世氏は元建設省官僚としての政策上の経験に加え、住宅の世界での指導的理論家かつ実践的なコンサルタントとして多くの画期的なプロジェクトを推進してきたユニークな論客であり、本書では、戸谷氏たちの豊富な実務経験と鋭い分析に基づく創造的な知恵が遺憾なく展開されている。住宅政策関係者や住宅産業の実務家はもとより、住宅を真剣に考えたい一般の読者にとって必読の書である。

二〇〇二年五月

内閣府特命顧問
慶應義塾大学 教授
島田晴雄

定期借地権とサスティナブル・コミュニティ――ポスト公庫時代の住宅システム――目次

装幀――川畑博昭

［**執筆担当**］

はしがき，序章，第Ⅰ部，あとがき ——— 戸谷英世

第Ⅱ部7章，8章，9章 ——— 大熊繁紀

第Ⅱ部10章，1，2 ——— 小山茂雄・速水英雄

第Ⅱ部10章，3，4 ——— 赤塚高仁・山下和義

第Ⅲ部11章，12章 ——— 宮地忠継

編集作業 ——— スコーリック久美子

中扉写真／ラドバーン三景

1929年，世界恐慌の年に着工した歩車道分離の町づくりとして，20世紀のニュータウンづくりに影響を与えた開発事例。

Ⅰ（39頁）
クルドサックの自動車乗入れ道。並木が70年の歴史を物語っている。

Ⅱ（125頁）
人々はフットパスで，町中のどこへでも車道と交差しないで往来できる。人通りの多い歩道。

Ⅲ（199頁）
歩車道は立体交差とすることで，幼稚園児や小学生も単独で安全に通園，通学できる（学校近くのトンネル歩道）。

はしがき

ガーデンシティ／ガーデンサバーブ

世界の工業先進国の中で、日本ほど貧しい近代・現代都市資産の国は存在しない。家族が幸せになり、コミュニティが豊かになるような住宅や町づくりを日本国民は諦めている。英国のガーデンシティが着手され一〇〇年が経った。その原典となったエベネツァ・ハワード著『明日の田園都市（Garden Cities of Tomorrow）』が刊行（一九〇二年）されて一〇〇年の記念事業が各地で催された。

この二〇世紀初めに着工された英国のガーデンシティを現代の日本人が訪問して、豊かな環境と人々の幸せな生活を垣間見て、同じ経済水準にありながら、何故日本では、このような環境をつくることができないのか、どうすればつくることができるのかという必然性と実現可能性を追究したのが本書の目的である。

二〇世紀末を迎え、熟成した工業先進国では、ヒューマンネットワークで結ばれた町づくりが、豊かさと安全が持続するサスティナブルコミュニティの基本的な姿と考えられ、車が人々の生活の足になる以前の、田園都市の町づくりの再評価がなされている。

戦後のハイウェイを使って建設された都市の思想アーバニズムの反省のうえに、新しい都市の思想ニューアーバニズムが登場した。ニューアーバニズムは、人々の生活を中心に据えた都市像を示すものとして、一九七〇年代末から一九八〇年代以降の人々の心をつかむことになった。ニューアーバニズムを実現する手法として、トランセクトという都市計画技術が提案された。トランセクトは、これまでの成長都市を、人々の生活圏を徒歩圏の集合体に編成換えする方策として、全米では都市を人々の生活中心につくり直すよう、田園都市の思想を採り入れて積極的に実践されることになった。

田園都市の思想は、実は都市経営を住民本位で実現することをめざしたもので、それは都市計画によって、地価経済活動を規制し、それによって住生活を守ることに重点がおかれていた。日本の都市開発のように、道路、公園、上下水道などの都市施設を造って、後は混合用途で商業・業務的土地利用の可能性を導入し、宅地をできるだけ高価に切り売りし、さばけさえすれば、あとは他人任せにするといった無責任なやり方ではない。田園都市開発会社は、その都市の資産を価値あるものにするため、人々の生活を豊かに営むことができ、人々が競って住みたくなる都市を、自らが全土地を所有し、定期借地方式で経営して、居住者には借地の上での持家建設を促した。

都市では、田園都市開発会社のマスタープランに沿って、住宅やその他の施設が人々のニーズに応えて造られ、それらが集積されて、より一層人々に魅力ある町に熟成していった。定期借地権の期限がきたら、借地契約を更新して、人々はコミュニティに根を張って、ヒューマンネットワークの絆を強めていった。田園都市（ガーデンシティ）や田園郊外（ガーデンサバーブ）は、計画どおり都市熟成が進まなかったため、計画どおりの都市経営はできなかった。

しかし、その失敗は改善され、二〇世紀末には、ウォルトディズニー社による世紀末を飾るにふさわしいサスティナブルコミュニティ「セレブレイション」（フロリダ州オーランド）が、ハワードの描いた田園都市の理想を実現して見せてくれた。

住宅抵当会社とＦＨＡによる債務保証

一九二九年の世界恐慌後、ルーズベルト大統領は一九三四年、ＦＨＡ（Federal Housing Administration）を設立し、住宅抵当金融制度の体制を確立するため、政府による住宅保険による債務保証を実施した。米国の「ビルダー（BUILDER）」誌が二〇世紀末に、二〇世紀の米国の住宅産業を築いた百人の筆頭に、ルーズベルト大統領を挙げたのは、ＦＨＡが米国の現代住宅産業の基盤となっていることを万人が認めているからである。

住宅抵当金融を住宅産業の基盤に位置付けることによって、国民の家計支出で負担できる範囲の住宅金融によって、少なくとも抵当金融の実施されている間、抵当権評価価値以下に資産価値の落ちない住宅を建設する環境を整備することになった。住宅抵当金融をＦＨＡが最終的に住宅金融保険として債務保証したことが、米国における資産価値のある住宅建設を促し、住宅取得による米国人の個人資産形成の四〇パーセントを実現させたのである。

資産形成に資する住宅は、住宅地が開発されてから長い年月を経過しても、人々がそこで生活したいと思うコミュニティであり、そこに建っている住宅は美しく、使い易く、安全で、人々が住みたくなるような住宅である。このような資産価値が将来的に安定した住宅／住宅地を造らないかぎり、金融機関から高い融資率の抵当金融を引き出すことはできない。サスティナブルコミュニティに、サスティナブルハウスを建設することによって、米国人には個人資産として優れた住宅であるとともに、社会資産としても優れた住宅地を形成し、それが地方公共団体の安定して大きな税源になってきた。

住宅地環境管理主体（田園都市会社とＨＯＡ）

英国の田園都市経営が、借地持家とすることで、地主である田園都市開発会社と、借地人である持家所有者の双方の望む財産形成意欲を相乗効果として発揮することになった。その結果が、現代において高い価値評価を受けている住宅地と住宅を、一〇〇年前に造り、現代の理想の町として管理運営していることに現れている。

一方、米国では、英国の田園都市経営による借地（リースホールド）持家を、持地（フリーホールド）持家として、都市熟成による開発利益を持家所有者に帰属されるようにした。土地保有のしかたは、借地（リースホールド）から持地（フリーホールド）に代わったが、住宅地全体の資産価値を高める役割を担っている住宅地管理協会（ＨＯＡ）が法人として創られ、英国の田園都市開発会社による住宅地管理と同じ機能を担ってきたため、米国による持地持家の場合も、住宅地としての資産価値を高める機能が働いているのである。

日本では、住宅用の土地利用が都市計画上、商業・業務の土地利用に脅かされ、高い地価による住宅環境が著しく歪められている。日本では、二〇〇六年を峠に、総人口は減少の途をたどるだけではなく、都市的土地需要は今後一貫して減少することで、地価の下落はさらに進行する。このような都市環境の中で、将来を見据えたサスティナブルコミュニティ開発は焦眉の急の課題となっている。何故ならば、国民の住環境に限って、戦後六〇年、経済成長と都市化の皺寄せを受けたことにより、国民の住宅需要は潜在的にきわめて高いからである。

日本の住宅が二六年ごとに建て替えている理由は、住宅が物理的に老朽化したためではなく、社会的に老朽化し、国民が住宅に高い不満をもっているからである。地価の下落は、国民の住環境の改善に大きな追い風になっている。しかし、そこでこれまでのような無政府状態の住宅開発とするのではなく、住宅地の資産管理をしっかりできるサスティナブルコミュニティとしての開発と管理でなければならない。

サスティナブルコミュニティとしての開発は、日本の民主主義・個人主義の未発達の現状を考えるとき、英国から米国への住宅地開発とコミュニティ運営の経験に倣うことが必要である。定期借地権による住宅地開発は、地主の所有している土地の資産形成に対するこだわりによって、資産価値の向上に大きな力になる。

ポスト住宅金融公庫時代

住宅金融公庫が五年後に廃止されることに決定したことは、必ずしも住宅金融制度が、抵当金融制度に移行することが決定したことを意味するわけではない。しかし、金融機関の立場になれば、金融機関がこれまでのように、不良債権問題に悩まされないようにするためには、これまでの債権金融（クレジットローン＝リコースローン）ではなく、抵当金融（モーゲージローン＝ノンリコースローン）に移行する以外に選択肢はない。本書は、国民の資産形成に向けて、地主、住宅建設業者、住宅取得者が、英国および米国の経験に倣って実施するべきサスティナブルコミュニティのあり方を示した。

住宅産業が住宅金融公庫という財政投融資に財源を保障されて、郵便貯金や国民年金や健康保険などの潤沢な資金を使い、一般会計から利子補給を含む経営支援を受けて住宅金融を実施できた時代は、過去のものになりつつある。世界の工業先進国のように、住宅の資産価値は、年々増加するような住宅／住宅地造りを前提にした住宅抵当金融と、その抵当権評価自体が、年々上昇する担保価値の安定を前提にした住宅抵当権の証券化による資金収集能力に根拠をおく自立型住宅金融へ、移行しなければならない時代に差し掛かっている。

住宅金融公庫の貸付残高七六兆円の資金調達のため、住宅金融公庫の貸付債権の証券化が、一部すでに実施されている。しかし、この債権の証券化商品は、住宅ローン借主の誠実なローン返済という個人信用に頼っているもので、借主の住宅ローン破産等の返済不能事故が発生した場合には、その損失は証券購入者の損失となる。仮に、ローン返済不能事故を、住宅金融公庫が融資時に押さえている建設された住宅の抵当権の実行で、売却益を回収したとしても、その売却益が販売価格の半分以下になっていれば、残額は回収不能の不良債券になる。その抵当権を実行した場合、三八兆円は不良債券化し、債権が証券化していれば、証券購入者の証券価値は半分になることになる。

証券化の勘違い

現在、商業・業務施設で債権の証券化が実施されているが、それらは、商業・業務施設という収益施設の収益力に根拠をおく証券化であるから、これらの不動産の投資に対し、金融機関の融資による不動産の建設費（土地建物）自体の価格が、建設当時の二分の一にまで崩壊し、現在の建設費の二倍以上の融資額（債権額）になっていても、そこでの商業・業務の経営による事業としての収益額が、投資額に見合っていることで、証券の採算は成立している。

住宅の場合には、家計支出を根拠に住宅費支払い能力は縛られていて、国民の賃金上昇を前提にして実行した住宅金融は、賃金上昇がなくなれば、自動的に住宅ローン返済は行き詰まる。年収の二・五倍が住宅ローン返済能力の限界であるとされていることから、年収の五倍を貸し込んできた住宅金融公庫ローンは、返済不能事故発生は必至である。

日本では商業・業務施設の債権の証券化は実施され、成功例も多い。それは収益性の裏付けがあるからである。しかし、住宅の場合には、収益性の裏打ちがまったくないにもかかわらず、それを商業・業務債権の証券と同じ証券化の中で考えている勘違いがある。

さらに、欧米豪では住宅抵当証券が一般的で、住宅自体の値上りを根拠に、その抵当権に裏付けされた証券に対する信用評価は3Aである。これを抵当権の裏付けがなくても、単に住宅債権を証券化すれば、高い信用評価の得られる証券になると勘違いした信用評価が、現在の日本の住宅債権の証券にも与えられている。

これは、日本の住宅債権証券を、米国の住宅抵当証券と類似した扱いをしているためである。住宅金融公庫の場合、住宅金融保証協会による代位弁済制度の利用等で、その見掛けの事故率が低く抑えられているうえ、住宅金融公庫自体が事故率を低く抑える数字上の操作をしているためである。

サスティナブルコミュニティ／サスティナブルハウス

住宅／住宅地自体が、国民の住宅費を支払い能力（年収の二・五倍以下のローン）で、いつの時代になっても、人々が住みたいという需要によって支持されつづける住宅を造ることが、日本でも求められている。最近、サスティナブルコミュニティという言葉が、主としてエコロジカル（生態系的）な意味で使われているが、エコノミカル（経済的）にもサスティナブル（持続可能性）であることが必要である。

このサスティナブルコミュニティに建設されて、高い資産形成の実現に寄与することのできる住宅が、サスティナブルハウスである。このサスティナブルコミュニティの良事例は、英国のレッチワースのガーデンシティやハムステッドのガーデンサバーブである。いずれも、定期借地権（リースホールド）付き住宅地開発として実施されたものである。

現在、米国のほとんどすべての資産形成になっている住宅は、持地（フリーホールド）持家である。しかし、この持地は、日本のようにデベロッパーやビルダーが土地建物を販売してしまえば、あとは購入者任せに放置するものではない。住宅地全体を法人資格をもつＨＯＡ（住宅管理協会）が管理し、個人財産についても、開発時の建築条件を、維持管理基準として遵守することを義務付けている。それを可能にしているのが、英国からの三〇〇年以上にわたる借地による住宅地経営の歴史である。

正しい定借・間違った定借

地主にとって、土地保有・土地管理がますますやり難くなっている一方、国民の住宅費負担の重さがローン破綻事故の急増になっている二つの矛盾を、一挙に解決する方法として、一〇年前に定期借地権制度が創設された。しかし、この制度は、旧借地法を統制経済下での歪んだ法律の運用を強要し、司法まで行政に迎合して、借地法を歪んだ解釈で縛ってしまったため、新しく創設されたものである。そのため、振子のゆれ戻しのように、新しい借地借家法は、逆に、歪んだ解釈を立法当初から持ち込み、不当な運用をお仕着せてきた。「定期借地期間満了時には、土地を更地にして返却せよ」とか、「五〇年後の定期借地期間満了時の住宅取壊し費用を積み立てよ」とか、「定期借地権保証料の徴収を正当化」して、地価の二〇パーセントもの保証料を取り上げてよいとする説明である。

借地借家法に成文化できなかったことを法律の内容のように説明しても、法律の条文としては定められなかった事実には変わりはない。当時の立法関係者の勇み足が、法律条文と立法趣旨等の差に現れているのである。

本書では、長い歴史をもつ借地持家による住宅地経営国（英国）や、その考えを発展させて資産形成に寄与している米国の住宅地経営から、日本の進むべき住宅地のあり方を検討した。

本研究会は、特定非営利活動法人住宅生産性研究会が、財団法人ハウジングアンドコミュニティ財団と協力して、平成一三年、平成一四年国土交通省の補助金を受けて実施した「住宅市場システム研究会」および「サスティナブルコミュニティ開発システム研究会」での研究と並行して、特に定期借地権付き住宅地開発に関係してきたメンバーで構成した研究会によって取りまとめられたものである。

特に、本研究会は、日本の構造改革が強く求められている現状に対し、国民の住生活を豊かにし、あわせて地方公共団体の税収基盤を確立するために、住宅／住宅地が、資産として評価できるものとしてつくられることが重要であることに着目した。

序章

1――正の資産・負の資産

重い土地税

土地供給過剰時代になり、遊休地が急増している。土地を売りたくても売れず、貸したくても借り手が見つからない。土地所有者は、保有する土地の不動産評価額を資産価値と信じている。不動産評価額に関連して定められる公示地価や路線化評価に基づく課税標準土地価格を基本に、固定資産税と都市計画税の支払いが義務付けられている。

その納税義務は、その土地を所有する限り免除されることはない。納税を怠れば、遅延にともなう延滞利息の支払いを求められ、それを放置すれば、その土地自体が差し押さえられる。土地を保有し続けようとすれば、納税を続けるしかなく、その挙句、土地所有者が死亡等により、土地を相続しなければならなくなったときは、さらに膨大な相続税の支払いが必要となり、その相続税の支払いのために、相続した土地の一部を処分しなければならなくなる。相続しないで譲渡（売却）しようとすれば、不動産譲与税が掛かり、その売却益を得たことで、所得税の支払いを義務付けられる。

現在のような土地余り現象の中では、土地を売却しようとすれば、買いたたかれて不動産評価額の半分以下でしか譲渡できないことも一般に起きており、結局、売却できないまま子孫に相続することになる。このようにして、子孫に相続した土地は、再び子孫に、その不動産評価額を基礎にした固定資産税および都市計画税の納税義務を継承させることになる。このような土地管理と相続が三代も続けば、地主は事実上、税金の支払いによって土地を失うことにならざるを得ない。

土地過剰時代

現在の土地保有環境は、日本のバブル経済の崩壊により、商業・業務地の開発やリゾート開発などの経済活動が一挙に消滅して、信用付与の担保にされていた遊休土地が一挙に信用を失って不良債権を生み出し、市場に流出し、清算処分されることになった。その結果、土地市場は実需要がないうえに、遊休土地が放出されたため、完全に買い手市場にある。しかも、日本は、半世紀にわたる産業構造変化により、都市化は終息し、今後、都市化による土地利用拡大を図る需要は見込めない。

それだけではない。多くの産業は、国際競争に勝ち抜いて生き残るため、その生産工場を低賃金の海外諸国に移し、国内の生産は操業中止され、工業的土地利用は遊休化し、土地余剰は一層加速させられている。それをさらに加速することになるのが、中国のＷＴＯ加盟である。すでに台湾から工場の中国流出は堰を切って起こり、いよいよ日本もその影響を強く受けることになる。

農業においても、米の輸入や米消費の減少により、農業耕作面積は減反縮小の傾向を一層早めつつあり、都市周辺部の農地の遊休面積は、さらに拡大する傾向にある。これらの農地に対する農業的土地利用の転換や、拡大の可能性は低く、農地もまた都市的土地利用転換によるより高い利益を求める方向に向かっている。

都市内部における生産緑地や都市的土地利用に多量の遊休地が存在するうえに、農業的土地利用から、都市的土地利用への転換にともなう土地供給圧力が加算されることになるため、市街地の地価の下落傾向が長期的に継続せざるを得ない。

継続する地価下落・上昇する税負担

しかし、土地神話が続いた半世紀間、土地取得によって資産形成した人々の大多数は、一般に持家を現在または将来に取得することを目的にした零細規模の土地所有者になった。これらの人々は、当面利用する予定のない遊休土地を、急落した地価の下で手放すことを望まず、地価が底を打って上昇に転ずるときがあるかもしれないと、かなわぬ夢にすがり続けている。そのため、遊休土地の増加が、即、宅地供給増として市場に登場することはない。

土地市場に供給される主たる土地は、企業倒産、企業のリストラクチャリング、工場の海外移転、税金の土地物納や抵当権の清算、その他の不良債権処理関連でやむを得ず供給されることになる土地である。そのため、潜在的な土地供給総量が急増しても、市場に現れる総供給量には自ら限界があると考えられる。

それらの市場に供給される土地は、経済活動低迷の下で、何重もの抵当権が設定された土地信用の対象になっている場合が多い。信用供与している金融機関では、それらの土地信用の担保価値が減らないよう、地価が急落しないことを求め、直接、間接に買い支えることがやられている。土地を見せ掛けの取引により、帳簿地価を操作するため、その売却をでっちあげるため、市場での地価は急落せず、長期間かけて地価は、暫減価の傾向をたどることになる。

また地価は、市町村にとって、住民税と並んで固定資産税および都市計画税で貴重な収入源（算定根拠となるもの）である。税率の変更はほとんど不可能であることから、当面は、実質地価が下落しても、課税標準額については変更しないような「税額調整」という名の操作が取り組まれ、地価が急落したため、実質の税収が減らないような徴税対策が取り組まれてきた。すでに、バブル経済崩壊後、課税標準額が市場地価を上まわった事例が、全国各地で多数発生している。

土地は、それを賃貸し、土地管理費用を上回る地代が得られる場合に限り、正の資産であるが、土地の賃借人が得られず、地代の得られない土地は、税金を支払わされるだけの負の資産である。

土地は、それを保有する限り、善良な管理義務が所有者に求められ、雑草の刈り取りや、そこが廃棄物の投機場にならないようにしたり、その土地で事故や犯罪が発生しないように管理する責任が、土地所有者に負わされている。

2―富の増大のチャンス

商品の擬装形態をとる土地

土地の価値は、地価として表されるため、土地を商品同様に考えがちである。商品とは、人々の求める効用を提供するもので、人々の労働によって生産されたものと経済学では定義されており、土地はその定義の中に入らない。

商品の中での代表される商品が貨幣である。土地は貨幣と交換されて取引されるため、土地イコール貨幣（商品）という等式が成り立つ。そのため、土地イコール商品であるという等式が成り立っている（土地は商品である）とする誤解が生れている。

土地自体は、人間の労働で生産されるものではないので、商品ではないが、人間が宅地造成という加工を行い、土地の効用を高めるようにすることで、商品と同様の性格をもつことから、商品の擬装形態をもっていると経済学上では説明されてきた。

土地の中で、かつて効用が認められ、使われた土地であっても、利用する対象とされない土地は、持ち運びができないため、商品一般のように移動できず、使用価値は認められない。農業構造改善政策の下で、都市への人口移動が起こり、農村の人口は激減し、多数の宅地は放棄された。

同様のことは、重厚長大型の工業城下町が産業構造の変化で衰退を余儀なくされたとき、多数の宅地は放棄された。これらの宅地は移転できず、その不動産価格は、各宅地自体の宅地としての利用は従前と変わらないにもかかわらず、周辺環境が変化することにより、宅地はその価値を失うことになった。

一方、大都市には潜在する宅地需要があるにもかかわらず、遊休された状態で放置されている土地が多い理由は、地価が高すぎて需要者の支払い能力と対応していないためである。土地市場では、国民が購入可能な価格にまで土地が細分割されたり、土地を高密度に利用せざるを得ず、結果的に利用できる土地需要総量が抑えられたことにある。これは、住宅地が、商業および業務的土地利用による高地価の影響を直接的に受けるような間違った都市計画が行われてきたためである。

都市計画による「住宅」土地利用

日本の高い住宅地地価は、土地利用計画が的確に作られておらず、住宅のような個人の家計支出で負担しなければならない非営利的土地利用と、商業・業務・娯楽・リクリエーションのための営利を目的とする土地利用とが、同じ条件の中で競争関係におかれてきたためである。

さらに、同じ住宅用土地利用についても、シングルファミリーハウス（戸建住宅、二連戸住宅、連続住宅）のように専用土地利用の土地付き住宅と、マルチファミリーハウス（共同住宅）のように、共用土地利用の住宅とを混在して建設できる土地利用を認めてきたためである。

住宅地価は、住宅の取引価格、または家賃という家計支出に基本的に拘束されている。それにもかかわらず、住宅の建設される地域の土地利用が、家計支出負担に比較して、何倍も何十倍も大きい支払い能力でも支払うことのできる商業や業務のような営業目的の土地利用と混合され、土地取引を同じ条件下で競合させられるようになれば、土地市場はその土地利用に支配されるのは、経済学の示すとおりである。

日本でも、市街化区域および市街化調整区域の区分、いわゆる線引きによって、これらの区域内外では、土地利用の内容を都市的土地利用と農業的土地利用とに計画的に分離することによって、それぞれの地域で可能な土地利用を前提にした地価に、顕著な価格差を形成させてきた。都市計画という上部構造が、地価という経済活動の実体（土台）を規制している好事例である。

経済学では、社会的活動（上部構造）は、経済的環境（土台）によって、基本的に規定されるが、いったん社会的構造（法令・計画・制度という上部構造）が設定されると、それにより、経済的活動（土台）が影響されると説明されている。

住宅地地代／地価

欧米豪の都市計画では、いずれも、住宅とそれ以外の土地利用を明確に区分しただけではなく、シングルファミリーハウスとマルチファミリーハウスの土地利用とを明確に区分することによって、それぞれの地価を、その地価負担能力の範囲に抑えることに成功している。

住宅地の場合、住宅の取得価格は、居住者の世帯年収の三倍以上支出できないとすれば、土地付き住宅の価格は、その価格限界に入っていなければならず、地価は、土地付き住宅価格の四分の一程度になる。何故ならば、各世帯には居住のために必要な住宅面積として一八〇平方メートル程度の延べ面積が必要とされ、その建設工事費を土地付き住宅の価格から差し引いた分しか、土地費または地代として支払うことができないからである。

人々はその負担可能な土地代金の中で、できるだけ広い宅地を取得するように努めることになる。利用可能な一番不便な土地で支払われる地代が絶対地代である。購入できる土地面積と比較して、それより利便性の高い土地に対しては、人々はより狭い面積か、または地代単価の高い土地を、総住宅費負担額と同一の金額で入手することになる。その地代差を差額地代と呼び、面積差が住宅地価差となって現れるのである。

この地代形成については、土地の空間利用の方法として、シングルファミリーハウスとマルチファミリーハウスとは、基本的に相違するという経済学上の根拠により、欧米豪の都市計画では、それぞれを別の土地利用区分として定めている。日本の土地利用研究を経済学との関係で考える研究が、住宅地に関してはまったくやられていない。つまり、国民の生活不在の都市計画学が現在の行政の背景になってきたのである。

わが国においても、国の政策として国民の住宅および住環境の形成の重要性が認識されるようになれば、かつて、都市計画法において農業的土地利用を守るために、線引きによって各土地利用を守る効果を発揮したように、住宅地についても、欧米豪の住宅先進国で実施されている経験に学び、土地利用を変更せざるを得なくなるに違いない。

住宅地の地価水準が商業・業務の土地利用に妨害されず、家計支出に基づく支払い能力を前提とした負担水準にまで低下すれば、住宅地の地価は、商業地・業務地の地価と独立した地価（体系）となり、人々の一戸当たりの宅地面積は拡大され、土地の総需要量は結果的に増大する。

土地を正の資産にする道

多くの地主には、土地利用されないままで遊休地として放置された土地が、地代を生まず、税負担と土地管理費の支出だけを負わされている。負の資産保有であることについての認識が高まるにつれて、負の資産を、正の資産に転換することを真剣に考えるようになるに相違ない。現在の高地価水準であることによって、もし、負の資産保有者が、その地価水準に触れることなしに、正の資産保有者となることだけを考えた土地利用に応じるならば、遊休土地の活用は一挙に拡大することになる。その唯一の方法が、定期借地権を活用した土地利用である。

土地を負の資産にしている原因は、高地価を前提とした固定資産税と都市計画税であり、また、不動産譲与税と相続税であり、土地の管理料である。これらの負の資産要因になっている税および不動産管理料を低減させ、それを償って余りある利益を地代収入として捻出することができる地代が得られるならば、保有している遊休土地は、負の資産ではなくなり、正の資産に転化する。

遊休土地保有者が、土地賃貸借条件として定める地代を、税を含む土地管理料という損失と同額まで、最小限補償してもらえるということを条件とするならば、少なくとも、その土地から通勤可能な範囲に就労場所のある者を、確実に土地利用需要者として獲得することができる。地代は、これらの需要対象者の中からの競り合いにより、最も高い地代を支払うことができる者に対して、賃貸すればよいことになる。そして、そこで獲得することになる地代から、税および土地管理料とを差し引いた残りが、地主にとっての利益、つまり正の資産としての配当になる。

正の資産化の促進

土地を借地として賃貸するようになれば、当然、借地権が発生する。借地権は、地価水準により、その地価に占める比率は相違する。大都市の中心商業地では、借地権割合が九〇パーセントで底地権が一〇パーセントとされているところもある。都市の郊外住宅地での借地権比率は、四〇パーセント程度で、借地期限満了時に向けて低減するという扱いが税法上とられている。相続税は、六〇パーセントの底地権に対して課税されるため、借地権分は当然税控除とされる。

借地利用された土地は、一定規模（二〇〇平方メートル）までの土地に対しては、その固定資産税に対しても、課税額は更地として土地保有した場合の、固定資産税の六分の一、都市計画税についても同様に、三分の一の課税額に縮小される。この税額減免は、借地利用にともなう底地権に対して負うものとなるので、その減額は当然の措置であるが、底地権割合以上に大きな減額であり、地主の土地を正の資産化するうえでは、大いに貢献するものである。

ここで、土地を負の資産から正の資産に転換するためには、その土地が活用され、地代の支払いが確実に行われ、地代が高められなければならない。現在の都市の住宅および住宅地は、その実現している効用が貧しく、そこには住宅地自体の資産価値を高めるという考え方はない。この考え方を一変させて、人々に豊かな生活を保障する優れた住宅地のデザイン、利便性の高い機能、交通や犯罪から安全で健康な性能を具備した住宅地であって、かつ、それが恒久的に健全に維持管理されなければ、負の資産を正の資産に変更させることはできない。

3――借地権の価値

借地権の性格

現在、定期借地権付き住宅経営に対する国税局相続税算定の際の借地権評価の扱いは、借地権の法的性格に対し、それを事実上物権とみなし、定期借地権は借地期間で償却とし、一般借地権では、借地期間が定められていないので、借地権は無期限に借地人に使用できるようにするものであるから、地主が借地人に対する贈与資産とみなし、課税すると説明している。一般借地権では、借地権として土地所有権全体の六〇パーセントの贈与を認めるが、定期借地権は、借地期間満了時にはゼロとして返却される権利として、最大四〇パーセントの借地権を認める代わり、借地権の贈与はないとみなすと説明されている。

債権としての借地権

借地権に関して期間を定めて借地をさせる定期借地権は、借地期間の満了時に借地権は消滅するが、その借地契約を更新するかどうかは、その時点までに定めることになる。借地権自体を更新できないとしているものではない。当事者双方が協議して定めるもので、その決め方は契約自由の原則に基づいて定める。当然、地主に借地権の返還を求めるべき正当事由があれば、地主は借地権の返還を求めることができるし、借地人はそれに応じなければならない。その正当事由も現在では、統制経済には縛られないことから、より経済的合理性の判断が入っていくことになる。

借地期間を特に定めないで、借地契約を結ぶものを、定期借地権との対比で一般借地権と呼ばれているが、この場合においては、たまたま借地契約上、借地期間は定めていないが、借地契約当事者の双方の合意により、合意が成立した段階でいつでも借地関係を終了させることができる。

借地権の対価として地代の支払いを約束することで、借地関係における等価交換が実現している。

借地人は、借地契約を定期借地権として結ぶ場合には、借地期間満了時に、借地権はゼロになる。借地期間中に、再開発や公共事業等により、借地関係を事実上継続することができなくなった場合には、その残存借地期間に享受する利便（利益）を失うことになる。そのため、借地権の残存使用に対する価値の補償を借地権補償として受けることになる。相続は借地人にとっての契約は持続するが、税法上の中断として相続資産の評価が問題になる。

一方、一般借地権の場合は、借地期間が無期限になるため、期待利益は、残存借地期間が無期限となるため、当初の借地権割合はそのまま維持される。

しかし、一般借地権の場合でも、借地人がその土地の借地を継続する必要がなくなって、借地契約を解消しようとする場合や、当初の借地の目的となる土地利用をしなくなった場合には、借地契約は事実上解消する。この場合、借地人は地主から一切の対価を受けることなく、借地権を失うことになる。

定期借地権と地代との関係

借地権は、借地人がその土地を賃借することを許す権利であって、借地権の所有権に対する持分比率は、土地の提供する社会経済的効用によって変化している。一般借地権の場合は、借地期間が不定であるのに対し、定期借地権の場合は、期間が確定しているという相違がある。

一般借地権の場合、住宅の滅失、焼失、除却など、借地目的が失われた場合には、その時点で借地権もまた消滅する。借地期間が不定であることは、永久であることではなく、もっぱら借地目的の存否に依存している。

当然、契約自由の下で結ばれている借地契約であるから、契約に定められた協議条項の下で、地主、借地人の双方は、いつでも借地関係の終了の協議を行うことができ、社会的・合理的な正当事由の下で、借地権を解消することは、仮に当事者間の協議が成立しなくても、民事訴訟を経て、社会的な解決に到達することは可能である。

一方、定期借地権は、経年とともに借地権は、残余期間による借地効用の逓減が明確に見積ることができるため、借地権の価値、すなわち、借地権の持分比は減衰する。そして、定められた借地権期間の満了時には、借地権は消滅するため、借地契約の更新をしないかぎり、借地利用はできなくなる。そのため、借地人は土地の明渡し要求を地主から求められることになる。その際、借地人がその借地を継続利用する正当事由があるならば、当事者間の協議が不成立であっても、社会経済的に合理的な条件の下での契約更新は、民事訴訟として争い、それを実現することは十分可能である。

このように、一般借地権と定期借地権とは、借地権の所有権持分に対する考え方に大きな差違はあるが、そのことと、地代の決定方法とは必ずしも連動するものではない。住宅地代の決定は、基本的借地人の住宅費負担の限度として決定される地代負担限界によって決められるもので、地価から決められるものではない。

地主側の土地経営の観点からは、定期借地権にした場合の借地権持分比は、相続税課税と直接関係することから、相続税分の積立を地代の中で実施すれば、地代はその影響を考えることにならざるを得ないという理屈は存在する。しかし、定期借地権による借地権持分の逓減は、借地期間満了時の借地権更改の際の条件として、十分生かすことができるものであることから、借地権逓減分を地代に反映させなければならないという理屈は、必ずしも正鵠を得ていないどころか間違いである。

つまり、地代は、基本的に現行の区分でいえば、一般借地権として設定される借地権持分比率に基づいて計算されるべきものである。このように、一般借地権と定期借地権の借地権設定時の借地権分比率は、同じに定めるべきことは当然である。

底地権と上地権との持分比率

定期借地権の借地権比率について、同制度制定時に、国税局は借地権比率を二〇パーセントと定め、地主の相続税は残りの八〇パーセントの底地権に対して課税することが行われていた。この取扱いは、一般借地権の場合は、借地権割合を六〇パーセントと評価し、相続税課税を残りの四〇パーセントの底地権に対して課してきたことと、あまりにも差がありすぎた。そのため、その借地権割合による相続税の取扱いは、定期借地権制度を差別するものであると指摘され、現在では借地権割合を四〇パーセントとし、残りの六〇パーセントに対して相続税の課税をする措置が取られている。そして、その借地権割合は、借地期限満了時にはゼロになるという見解である。

しかし、この借地権割合が、なお、一般借地権六〇パーセントに対して四〇パーセントと低く定められ、相続税の取扱い上、不当に差別されている。この取扱いの根拠として国税局は、一般借地権の場合は、その借地権分について、それを借地人に対して贈与したものとみなして課税していると説明されている。

借地権に対して、それを物権とみなして、借地権の設定時に、地主が借地人に借地権分の価値を贈与したとみなして、地主に譲与税を課しているという国税局の説明は、借地権そのものが借地という現実の関係の上に築かれた債権であるという法律上の考え方に照らして納得がいかない。もし、その説明が本当であるとすれば、一般借地権の終了時に、借地には地主に借地権分の価値を贈与したとみなして、譲与税を課すことができるであろうか。しかし、そのようなことは不可能である。

借地権の授受

地主は、借地人に借地目的に合った借地を、その期待する借地期間認めることで、更地の所有権中、借地権分の価値を失う。そのため、地主がその土地を譲渡や相続する場合の課税は、所有権の価値から借地権の価値分を差し引いた底地権に対して課税される。

借地人に認めている借地権は、その借地権を独立した権限として借地人に取引できる対象とすることを認めるものではない。それゆえ借地人に対し、国税局は、借地人が借地権を取得したり（土地を借りたり）、放棄（土地を返還したり）することによって、それを物権の授受とみなして課税することはできない。

借地人がその意志に反して、例えば、公共事業の施行にともない、借地権を中途で放棄することを余儀なくされる場合、その借地権の放棄は、当然、借地人の要求できる損失補償の対象となる。そして、借地人が借地権の損失補償として、補償費用を得た場合には、その所得に対して所得税が課税されることは当然である。

しかし、地主と借地人の協議が成立して、借地契約を終了し、そこで借地権の補償について金銭の授受が行われない場合、そこには何一つ課税をする法的根拠はない。国税局がもし、一般借地権について、その六〇パーセント相当額が借地権価格であって、借地契約時には地主から借地人に、また、契約終了時には、借地人から地主に対して、借地権価格相当額の贈与があったとみなして課税をしているとしたら、それこそ青天の霹靂である。少なくとも、本書の事例で定期借地権の場合の相続税の算定根拠の借地権比率を四〇パーセントとして、一般借地権の場合の六〇パーセントと、二〇パーセントもの差をつけた扱いをする法的根拠も、理論的根拠も、合理性もまったく存在しない。

I
ポスト金融公庫時代の不動産経営

一章　ポスト住宅金融公庫時代

1―クレジットローンからモーゲージローン

民間の住宅金融機関

住宅金融公庫が、これまでの融資業務から撤退するべきことは、小泉内閣でなくても、日本の財政を真面目に考える人であるならば、誰でも指摘するはずのことである。国民の預貯金がゼロ金利で、住宅金融として三パーセント程度の金利が得られれば、金融業として十分な利益をあげて、税金を払ってやっていける。米国のS＆L（Saving and Loan Association 貯蓄金融会社）が、三・六・三銀行として俗称されたのは、三パーセントの預金金利、六パーセントの住宅金融で事業をしていれば、銀行は午後三時になればやるべき銀行業務もないので、行員が打ちそろってゴルフに出かける銀行とされたためである。

住宅金融公庫による約七六兆円の貸付残高を占める金融市場の公開は、日本のこれからの金融界にとって魅力のある市場である。一般的に住宅は、人々が人生の一大事業として取り組むため、相当の犠牲を払って住宅ローン返済を行って、住宅を保有してきた。そのため、住宅ローンの返済事故は、他の金融と比較して、きわめて低いことが過去の実績からも示されている。住宅専門金融会社（住専）をめぐる不良債権問題も、住専の親会社である大手銀行が、住宅金融業務を事実上取り上げ、代わって、リスクの高い事業への融資を押し付けたことで発生した。個人向け住宅金融業務自体は、決して高いリスクをともなわない魅力的な金融と考えられている。

すでにポスト住宅金融公庫を考えて、住宅金融を拡大しようとする金融機関の検討は盛んである。これらの動きに先駆けて、城南信用金庫は先進的取組みで話題になっている金融機関であるが、現在の住宅金融公庫より、良い条件で住宅金融を開始することになり、再び話題になっている。城南信用金庫は、住宅金融公庫とは違い、一切の財政支援は受けず、株式会社としての法律で定められた税金を支払って、住宅金融公庫の行っている融資条件より有利な融資を提供できている。この事実は、住宅金融公庫に融資業務を存続させるべきであるという一部の議論に最良の反論になる。

新しい住宅金融

住宅金融公庫がこれまでの住宅金融業務を継続できなくなれば、城南信用金庫の例に象徴されるように、一般の銀行を含むすべての金融機関が住宅金融業務に、より積極的に乗り出すに相違ない。住宅金融の利用者の側も、住宅ローンを組まないで、住宅建設する能力はないことから、住宅金融公庫に代わる住宅金融業務は、基本的に従前同様の住宅ローンを、住宅金融公庫以外の金融機関によって実施されることになる。

しかし、この際、民間の住宅ローンは、住宅金融公庫のように親方日の丸で、その欠損に財政支援を受けられるような条件はない。そのため、民間金融機関の場合には、住宅金融公庫の轍を踏まないよう、次の二つの条件の下で融資を実行することになる。

住宅購入者の住宅ローン返済能力

第一は、金融機関は、政府の考える景気刺激策のために、消費者に返済能力を逸脱した借金をさせて、住宅購入費として支出させるような支出（消費拡大）のために、住宅金融を実施するわけにはいかない。金融機関は、預金金利等、金融機関としての借入れ金利と、貸出し金利との利鞘に依存して金融業務を実施するものである。金利差自体が経営の基本であるが、貸出し資金の元金の確実な返済が大前提としての貸出し金利である。つまり、元利の返済が確実である金融が、住宅ローンの基本条件になる。

当然のことであるが、これからの民間金融機関による住宅ローンは、住宅金融公庫のこれまでの住宅ローンと違い、返済能力の範囲で融資を受ける者にしか金融は行わない。欧米豪の住宅金融も基本的にこのような考え方で実施されている。つまり、借受人の家計支出で負担可能とされる融資額は、借り手の借入金の合計が、年収の二・五倍を限度にしている。

当然、カードローンその他の借金があれば、その分は借受人の借金の総枠に含まれる。それは複数の金融機関から併せ借りをしても、その合計額は借入金の総額で縛られる。つまり、これまでの日本の住宅金融で行われていたような併せ借りで、公庫の定める貸出し限度とされる年収の五倍を超えてしまうようなことは、まったく起こり得ないのである。

住宅ローンの担保としての住宅

第二は、住宅ローンの見返りとして、金融機関が何を担保にとるかという問題である。金融機関は住宅ローンの形（担保）として、これまで住宅金融公庫が審査してきた所得証明という個人信用のような不安定なものでは満足しないということである。日本では土地神話が半世紀以上続き、個人信用そのものも経済成長とともに、所得の伸びとして拡大していったし、その個人信用の担保として住宅金融公庫が押さえた土地建物の不動産価格も上昇していった。そして、国民の所得も基本的に右肩上りであったため、返済不可能と考えられた年収二・五倍の住宅ローンも、結果的に支払うことができた。

一般の不動産金融も、これまでは個人の信用を担保に融資が行われ、個人信用の保証として、形式的に対象不動産の抵当権を押さえることが行なわれてきた。その抵当権の内容や抵当権の価値を、まともに評価していなかった。しかし、バブル経済の崩壊により、個人信用に基づく不動産金融は、不動産価格の崩壊（土地神話の崩壊）という抵当権が信用保証できなくなって、一挙に不良債権問題として、日本の経済を混乱に落とし入れることになった。

抵当権の評価率（掛け目）

世界の不動産金融は、基本的に融資対象物件の抵当権（物権）を担保に実施されるモーゲージ（抵当）金融である。つまり、金融機関は融資対象物件の不動産鑑定評価を行い、かつ、その価格変動とローン返済不能事故処理の事務手数料を見込んで、不動産価格に割引き率を乗じて融資を行っている。

融資額は、通常、市場価格の八割程度の価格で抵当金融を実施してきた。米国の場合、政府が退役軍人や政府の援助プログラムによって住宅を建設する場合には、政府の債務保証を得て、一〇〇パーセントとか、九七パーセントの抵当金融を実施する場合もあるが、一般には市場取引価格、または建設工事費の八〇パーセントである。

八〇パーセントの抵当金融の条件は、その住宅が、優れた町並みのデザイン、豊かな生活を支える施設の利用、交通や犯罪から安全な住宅地に建っていて、かつ、十分市場性があると判断されるデザイン・機能・性能を具備しているものに限られている。奇を衒ったり、流行を追った奇抜な前衛デザインの住宅に対しては、仮に住宅地としての効用は高いと評価されても、建設工事費の三〇パーセント程度の抵当金融しか実施されないこともある。

住宅金融公庫による融資率八〇パーセントは、米国の抵当金融の融資率に倣っているが、住宅金融公庫の場合は、対象物件（住宅）の不動産評価をともなわないものである。日本の場合、現在、多くの住宅が中古市場で半額程度以下に値崩れしているという現実に注目するならば、金融機関が提供できる抵当権評価は四〇～五〇パーセントに止めなければならなくなる。何故ならば、もしも住宅ローン返済不能事故が発生した場合には、金融機関は、抵当権の対象となっている住宅を差し押さえることで、住宅ローン借受人の債務を相殺しなければならないからである。

金融機関はその差し押さえられた住宅を、市場で売却することでしか、そのローン債務を取り戻すことはできないため、中古市場価格が問題にならざるを得ない。そのため、現在、日本で一般的に建てられている住宅（中古住宅市場で半値になる住宅）に対しては、五〇パーセントの融資しか与えられず、頭金として五〇パーセントの用意が必要となる。

2――不動産取引価格と抵当権評価

既存住宅の合理的取引価格

資産価値が経済的に持続するサスティナブルコミュニティにおいて、住宅の効用自体が高い水準に持続されるサスティナブルハウスとして建設された住宅は、住宅地としても、住宅としても、デザイン・機能・性能としての効用（使用価値）が、消費者の需要に適合して、高い支持を受けるものであり、売手市場にある住宅として、常に推定再建築費として評価される。

材料および労務の価格水準は、物価水準を反映するため、通常、物価は経年的に上昇しているので、住宅価格も物価の変動と連動することになる。もちろん、デフレスパイラルが指摘されている現在、住宅価格もまた、物価変動並みの価格変動はやむを得ない。

住宅に使われている材料は、すべて経年劣化し、修繕および維持管理費用は、建設費の一・五パーセント（年額として木造住宅修繕費一・二パーセント、維持管理費〇・三パーセント）が必要であるとされ、公共住宅等の家賃算定においても、ほぼ同率の費用が見込まれている。そのため、住宅が適正に維持管理されるためには、建築後n年目の住宅の取引価格は、次の価格として評価する必要がある。

$P=\{A(1-0.025n)+B+\Sigma C_i\}\times(1+r)$

n　建築後の経過年数

A　建設時点の住宅価格

B　n年間に修繕および維持管理に支払った費用

C_i　B以外のリモデリング工事費用　C＝工事費×資産化率（表1・四八頁）

r　物価変動率

また、サスティナブルハウスについての抵当権の評価としては、その保証できる実売却益（売却益から手数料と修繕積立金を減じる）として評価される。この住宅を抵当権を実行して売却することを考えた場合、その競売手続き費用、宅地建物取引手数料、売却期間の家賃相当分未収入金を必要経費として差し引く必要がある。

住宅に対して、一〇年間に修繕および維持管理費として予定の費用の半分を使用し、かつ、住宅取得費に建設工事費の一〇パーセントリモデリング（台所／浴室）を行ったときの試算例は、次のとおりである。ただし物価変動なし。

$$P = A\{1-0.025\times10+0.025\times10\times1/2\}+A/10\times0.9$$
$$= A\ (0.875+0.09) = 0.965A$$

抵当権の証券化と債権の証券化

現在、住宅金融公庫の七六兆円の貸付残高は、ローン借受人の元利返済で完済されることを前提にしている。しかし、ローン返済不能事故が、そのすべてで発生し、債権の融資対象住宅の中古価格が、NHKなどで放映されているように半額になると、三八兆円が不良債権化する。つまり、住宅金融公庫は債権の一部を証券化して（公庫のローン債権は、三パーセント利付き債権であるので、証券化手数料一パーセントを支払っても、二パーセントの利付き証券で販売）資金を集めようとしている。しかし、この利付き証券は、元本そのものの半分が潜在的不良債権である。米国の住宅抵当証券のように、証券を裏付ける抵当権が、全米平均で年六・五パーセントで値上りしている住宅

表1　一般的なリモデリングで投資額に見合う価値の増加幅

リモデリング投資額は、従前までの住宅の一部を取り壊して（取り壊した分の価値（A）はゼロ、取り壊し工事費分マイナス（B））、新たに取り壊した部分に代替する工事（C）を実施するものであるので、このリモデリング工事による価値の増分は、次式で表される。

$$i = \frac{(B+C)-A}{B+C}$$

ただし、B＋Cがリモデリング投資額

（工事の種別）	増加幅（i）
1．キッチン工事	68－73%
2．バスルーム工事	64－71%
3．内装の塗装工事	62－66%
4．屋外の塗装工事	62%
5．主階の居間工事	49－56%
6．地下室の仕上工事	50－52%
7．暖房システムの性能向上工事	48－50%
8．外構・造園工事	45－49%
9．賃貸用アパート部分工事	40－42%
10. 中央制御方式空調工事	38－43%
11. 省エネ用断熱工事	33－39%

カナダ住宅抵当金融公団（CMHC）の資料より

を担保にしているものとはまったく違っている。

日本の住宅債権の証券化は、債権の根拠となる住宅の価値には根拠をおかず、住宅ローン借受人のローン返済を信用するというきわめて危ないものである。そのため、住宅金融公庫の債権を銀行に買い取らせ、それを証券化しようとするならば、その債権の債務保証を政府がしなければならなくなる。

もし、債券の債務保証がない状態で証券化されていれば、そのリスクは証券に転嫁される。証券は住宅自体に価値がなくても、自宅を手放したくないために、他の家計支出を犠牲にしても住宅ローン返済に充てているため、事故のきわめて低い債権をもとにした信用力の高い証券になっている。しかし、デフレスパイラルがさらに進行して、住宅ローン借受人が解雇されたり、就労している会社自体が倒産して失業者になり、またはシェアワーキングやボーナスカットなどで所得が大幅に削減された場合、住宅ローン借受人の意思にかかわらず、ローン返済不能事故に追い込まれるリスクは高くなる。リスクは、直接、証券の元利に反映され、その購入者が損失を被ることになる。

二章　モデルとなる米国の住宅市場

1――金融中心の社会・資本主義の原点

等価交換の原則

日本の建設業法は、建築基準法および建築士法とともに、一九五〇年、日本がＧＨＱ（連合軍総司令部）の支配下におかれていたとき、制定施行された。この三つの法律は建設三法とも呼ばれ、わが国の戦後復興を進めるために緊急を要する法律制度として整備された。

ＧＨＱは、建設業法および建築士法の免許登録業務については、米国の成文法としての建設業および設計業の免許登録法を参考にして、法令作業を指導監督した。しかし、両法の業務法については、米国には成文法はなく、慣習法によって規制されているため、成文法体系をとる日本の建設業法および建築士法では、訓示規定として業務の基本が定められることになった。

米国における慣習法とは、上告審（控訴裁判所）の判例を業務の項目ごとに取りまとめた判例集である。慣習法はその判例を、個別の紛争の都度、必要な読み替えを行い、適用することになる。

このように新しい判決が、過去の判例に基本的に縛られることで、法律の社会的安定性、信頼性を確立している。その意味では、日本が、本当に合理的で自由主義に立つ資本主義国ならば、米国の慣習法は、日本の法解釈に基本的に適用できるものである。特に、建設業法・建築士法については、米国の慣習法は、日本のこれらの法律の判例、解釈および運用を示すものと考えることができる。

建設業法第一八条は、「建設工事の請負契約の当事者は、各々の対等な立場における合意に基づいて公正な契約を締結し、信義に従って誠実に履行しなければならない」と等価交換の原則を、双務契約として定めている。また、建築士法でも、第一八条業務執行の中に誠実な業務の執行を定め、工事監理者を、建築主および施工者いずれにも組しない第三者として定め、請負工事契約に照らして、公正な業務の施工を管理することを定めている。これが等価交換を確実にするための第三者監理の原則である。

等価交換の検証と実行の約束

契約の内容には、契約当事者が相互に契約の内容を示し確かめることで、締結される表示契約と、社会が暗黙裏に了解している暗黙契約と、工業製品のように製造者責任の下に生産されたものが、所期の品質を具備することを約束する製造者責任契約の三種類で構成されている。いずれの契約も、契約当事者が代金の支払いと等価交換として、所定の効用を発揮する品質の工事成果を引き渡す約束である。この際、建築主の支払う工事代金は、金額として額面表示されているとおりの価値をもつ貨幣の量である。

一方、建設業者が建設し、引き渡すことになる住宅は、「建築主の求めている所期の効用を発揮することができる品質」であれば足りるが、造ることができる住宅の選択肢には、デザイン・機能・性能という品質に関し、相当の選択の幅がある。

請負契約では、建設業者が建築主に引き渡す住宅の内容を特定することがなければならない。そのため、住宅の造形的要素を決定するために設計図面を作成し、さらに、その造形的内容を具体的に材料および工法によって特定するために仕様書を決定することになる。このように設計図書（工事用設計図面および仕様書）を作成することによって、建設業者が具体的に造るべき住宅を特定することになる。

設計図書は、建設業者が造るべき住宅を特定するものであっても、設計図書から判明できる内容は、造られるべき住宅の効用・品質（デザイン・機能・性能）という使用価値（デザイン＝審美性、機能＝利便性、性能＝安全性）であって、設計図書からは住宅自身の価格で計測される価値はわからない。そこで建設業法第一八条で定める等価交換を確実に実行する手法として、建設業法第二〇条において「建設工事の見積り等」の条文がおかれ、その設計図書を使って価値を計算するやり方を定めた。

第二〇条は、設計図書に基づいて、直接工事費を「材工分離、原価公開」により積算したものに、建設業者の間接費および経費（以上粗利）を見積って、全体の請負工事費の見積額を算定することを定めている。第二〇条は、直接工事費の積算を原価公開することを定めている。そして見積額は、金額で示されることによって、設計図書どおり造られた場合の住宅の価値を示すことになる。

建築主は、建設業者から提示された見積書を設計図書と照合して、その内容を正しく反映していることを確認することで、受け取ることになる住宅の価値が見積額であることを確認することになる。そこで、請負契約において、設計図書に基づいて造られた住宅の価値と等価となる請負代金を支払うことを、建築主と施工者が明確にすることになる。請負契約は、建築主と建設業者との間だけではなく、元請業者と下請業者との間で締結される下請工事契約においても、共通するものである。

表示保証、暗黙保証、製造者責任保証

請負契約に抵触した内容の工事は、瑕疵と呼ばれ、表示契約、暗黙契約、または製造者責任契約の違反をそれぞれ表示瑕疵、暗黙瑕疵、または製造者責任瑕疵と呼んでいる。これらの瑕疵は、基本的に不等価交換を意味するもので、瑕疵の発生をそのまま放置することは許されない。

一般論として請負契約に瑕疵がある成果物に対して、建築主は受取り義務もなければ、請負代金の支払い義務もない。しかし、土地に定着して造られた建築物は、瑕疵を理由に受取りを拒否されても、建設業者はそれを移動し、または他に転売することは困難である。依頼主は瑕疵があっても請負工事の成果物を受け取らなければならず、請負工事代金を支払うことを法律は義務付けている。しかも、瑕疵が存在したままでは不等価交換になる。

そこで建設業者または製造業者は、瑕疵に対してそれを契約どおりに修補し、等価交換を実現するようにする義務付けられている。建設業者または製造業者による瑕疵の修補義務のことを、瑕疵担保または瑕疵保証と言い、瑕疵保証を確実にすることで、等価交換が実現されることになる。住宅建設工事においても、瑕疵は不可避である。住宅建設業者は、建設した住宅に対する瑕疵保証を確実に実施することで、建設業者としての信用が得られる。

しかし、瑕疵保証を実施する場合は、費用の支出をともなう。この費用が未知であることから発生するリスクを回避するため、米国には瑕疵保証保険があり、この保険はすべての瑕疵を対象としている。

日本の住宅性能保証機構は、表示瑕疵、暗黙瑕疵、製造者責任瑕疵のすべてを保証対象とはしておらず、瑕疵保証を実施しているとは言えない。例外的に実施している、雨漏りと構造欠陥のみを保証対象としているやり方は、実は、不良な住宅建設業者の手抜き工事の露見した際の保証にすぎず、本来、建築行政、建築士行政、建設業行政として実施すべき行政事務を、民事紛争処理にすり替えようとしているだけのもので、本来の瑕疵保証とは質的に相違している。

日本の住宅性能保証制度のように、瑕疵保証保険料を建築主に転嫁することは、建設業者が保証すべきという正常な対価交換の考えからは導き出せない不当な取扱いである。

抵当金融

米国においても日本同様、住宅を建設しようとする者の大多数は、住宅ローンを組むことなくして住宅を購入することはできない。住宅建設業者は、多くの場合、信用できる金融業者とタイアップして、自らの顧客のための住宅ローンと、建設業者自身のための建設ローンを受けることを考える。つまり、顧客も、住宅建設業者も、住宅建設のためには資金が必要であり、その資金の供給源が金融機関なのである。

建設業者は、その顧客を獲得する際、住宅ローンの手配も一元的にできるということで、住宅販売を容易にしようと考えている。そこで見込み客が得られると、その住宅建設業者がタイアップしている金融機関に対し、顧客自身でどの程度の住宅ローンが借りられるかを相談するように勧める。そして、顧客が住宅ローンとして組むことができる金額が明らかになって、住宅建設業者の具体的な建設工事計画が取り組まれることになる。顧客が金融機関との話し合いを通して、自らが借り受けることができる住宅ローンの可能とされる金額の大枠を知ることになる。

金融機関が顧客に提示することになる住宅ローンの枠組は、基本的には顧客の返済能力に対応するもので、通常、世帯年収の二・五倍程度になる。顧客は、自ら取得しようとする住宅がＦＨＡ（連邦住宅庁 Federal Housing Administration）の援助プログラムに該当するかどうかによって、融資率に八〇～一〇〇パーセントまでの差があるが、住宅は政府の援助プログラムと本人の手持金との両方によって、その建築内容は変化することになる。

金融機関は、建築主の住宅ローン返済能力の範囲という枠組を決めたうえで、建築主が実際に建設しようとする住宅の抵当権評価された価値を限度に、実行する融資額を決定する。具体的な審査業務は、融資対象住宅の設計図書を審査して、デザイン・機能・性能として十分な品質をもっている住宅であることを確かめたうえで、その設計図書に基づいて作成された見積書を審査して、工事費内訳が適正であれば、見積額に相当する価値のある住宅と判断される。これが住宅ローンの金融機関による審査である。

金融機関による融資の決定は、住宅ローンを金融機関が抵当権の取得との等価交換として実行することを約束する契約になる。住宅ローンの決定によって融資が実行されるわけではない。融資は、住宅が完成し、建築行政による竣工した住宅の工事完了検査済証が交付され、使用許可が出されたものに対し、金融機関が抵当権を設定すると同時に、等価交換として住宅抵当金融が実行される。

建築主は住宅ローンの決定を金融機関から与えられると、それで建設工事費の代金支払いの目途が立つので、住宅建設業者に対し、金融機関の住宅ローンの決定された住宅の建設を依頼し、そこで建築主と住宅建設業者との間の請負契約が締結される。請負契約は、住宅が完成し、引渡しを受ける際に、等価交換として請負工事代金の支払いを約束するものであるから、請負契約の締結段階での代金の授受は行われない。

建設金融と建設先取特権と保証債権

住宅建設業者は建築主と請負契約を締結することで、契約に係る住宅を完成し、引渡しをすれば、工事請負代金を手に入れることはできる。しかし、それまでの間の工事代金については、住宅建設業者の責任で準備しなければならない。住宅建設業者は、住宅を建設する工事業者であっても、必ずしも建設工事に必要な資金があるわけではない。建設工事費の準備のないこのような住宅建設業者に対して、建設工事費を融資する役割を担っている者も、また金融機関である。住宅建設業者は金融機関に対し、工事期間中の材料業者や下請業者に対して支払うために、必要な資金を融資してもらうように、金融機関に要請することになる。

金融機関は、まず融資対象となる住宅建設工事が、竣工時に抵当権の設定と引き換えに抵当金融を行うことになる住宅であることを確認する。次いで、融資する住宅建設業者の信用調査をし、その後、住宅建設業者が少なくとも工事期間中に倒産等の事故を起こさない状態にあることを確かめる。

そして、金融機関はさらに、万一住宅建設業者が不測の事故で、倒産、または工事の続行不能になった場合の保険として、保証債券の購入を建設業者に要求する。すなわち、建設工事中、材料業者および下請工事業者への支払い義務を負った工事代金を、住宅建設業者が支払えなくなったとき代位弁済できる支払保証債券（ペイメントボンド）、および住宅建設業業者がその工事を、他の住宅建設業者に代わって竣工させるために必要な費用弁済できる完成保証債券（パフォーマンスボンド）の購入を、金融機関は住宅建設業者に購入することを、建設金融の条件と定めて義務付けることになる。

住宅建設業者は、以上の手続きを受けてから、建設金融を受ける内容が、建築主が住宅ローン承認を受けた内容と同じであることを、金融機関と確認する。さらに、建設工事の進捗とともに必要となる建設金融の内容について、金融機関に建設金融対象部分の工事の建設先取特権（メカニックスリエン）の設定と、等価交換として建設金融を実行する契約を締結する。

建築主が金融機関に対して、住宅ローン申請をする際の、住宅の抵当権評価の計算根拠は、その住宅の見積書である。この見積書の中の直接工事費を積算した部分は、材料および労務の内訳（数量および単価）を明らかにした原価公開部分である。この原価公開部分は、金融機関が建設業者に対して、建設金融を実施する場合の融資額の枠を決定する内容である。同時にそれは、個々の工事段階でその工事部分に対して、先取特権をつけて建設融資をする場合の算定の根拠となるものである。しかし、この建設金融の契約締結段階には、未だ建設工事が行われていないので、代金の授受は行われない。

建設金融の実施

具体的な建設金融は、住宅建設業者が、材料業者および下請業者に実施した建設工事に対して、材料代金および下請工事代金の支払いを完了し、金融機関に対して、建設金融を求める対象部分が、住宅建設業者の所有になってから、その工事部分に金融機関の建設先取特権を設定することの等価交換として、建設金融が実施される。

米国では建設先取特権法によって、建材業者および下請業者が建材を供給し、下請工事を実施した場合、元請業者からの代金の支払いが行われるまでの間、材料業者および下請業者の建設先取特権が自動的に設定されることになっている。つまり、元請業者による代金の支払いが実行されるまでの間は、その工事部分には、材料供給業者および下請業者の建設先取特権が設定されているため、金融機関は建設先取特権の設定ができない。

材料業者および下請業者へ、材料および工事代金の支払いが完了し、材料業者および下請業者の工事部分に対する建設先取特権は消滅することで、金融機関の建設先取特権の設定が可能になる。建設業者は金融機関からの建設金融を受け入れるために、下請業者および材料業者に対する支払いを迅速にするように努めることになる。

通常、米国では下請工事完了後、または材料納品後二〇日以内に、下請工事代金、または材料費は支払われることになる。建前上は、金融機関はその建設先取特権を設定する工事部分について、自ら工事内容を検査確認することになっているが、通常、住宅のような小規模の工事の場合、元請業者が材料業者および下請業者に、工事内容を検査し、代金を支払っている等価交換の検収が確実に行われていることを再確認することで、自らの検査は省略している。

金融機関が建設金融を行った工事部分には、金融機関の先取特権が設定される。その上に次の工事が実施され、材料業者と下請業者との先取特権の設定がされる。その部分は、金融機関の設定した先取特権部分とは別の部分であっても、建築物としては、一体不可分であるため、金融機関には、他人の先取特権の設定がされている建物は不安である。

そこで、建設業者が倒産しても、下請業者および材料業者の先取特権を抹消させるため、金融機関は支払い保証債券（ペイメントボンド）を建設業者にあらかじめ購入させているのである。通常、この建設業者は、もはや工事を継続し、竣工させる能力を失っていることから、第三の建設業者に工事を施工させることになる。中途でいったん断絶した工事を引き継いで実施するとすれば、当然、最初の請負工事費よりも余分に費用が掛かることになる。この増額されるべき費用もまた、準備されなければ工事を実践させることはできない。この工事竣工を保証するための債券（パフォーマンスボンド）についても、建設業者が建設金融を受けるために、あらかじめ購入することが義務付けられることが多い。

2——米国の不動産経営

昔のマーケティング

わが国の住宅市場は景気の後退にともない、一層、買い手市場になってきている。そのため、住宅販売促進のために住宅産業界は必死の取組みをしている。しかし、わが国で取り組まれている住宅のセールス＆マーケティングは、米国の一九七〇年代以前の売り手市場のやり方に基礎をおいている。

米国の一九七〇年代までの住宅マーケティングは、住宅需要者に対し、住宅建設業者は売り手市場という市場環境を利用して、その住宅建設業者が住宅需要者の住要求を満足させることができると信じ込ませて住宅を購入させ、「あなたは良い買物をした」と駄目押しをして、「さようなら、ご機嫌よう（グッドバイ、グッドラック）」と言って、良い感じで別れることだと考えていた。

住宅建設業者は、住宅市場の中で、住宅需要者の最も多数集中する集団をねらい、顧客に対しては、需要者層の平均的な要求内容に、すべての需要者のニーズが適合するかのように説明し、顧客をマインドコントロールし、顧客が、その住宅が自らの要求に応えるものであると信じている間に、販売契約を完了することであると考えていた。そのため、住宅マーケティングの基本は、住宅マーケットのマクロな視点での需要者集団の動向を把握することであると考えられていた。

しかし、住宅市場に需給の均衡が図られるようになると、需要者の多様な住要求に肌理細かに対応する必要が拡大してきた。需要者の要求自体が多様化したわけではない。需要者の住宅需要の内容は、本来的に多様なのである。供給者側の住宅供給能力それ自体も、それぞれ、その使用できる技術者や下請業者の技能力により、生産能力に得手、不得手がある。買い手市場の中で、需要者を確保するためには、住宅建設業者は市場の中の目標とする需要者への対応を絞り込んで、従来までその需要者層に住宅を供給していた建設業者よりも、よりよい条件でより高い満足感を与えることによって、はじめて顧客を確保することができることを知って、専門分化することになった。

スターターハウス（一次取得者向け住宅）供給業者は、低い購買力に対応することが最大の関心になるのに対し、ムーヴアップハウス（買い換え層住宅）は、価格的には高くなるが、より個性的な満足感を求めるデザインや生活提案が追求された。そのため、住宅建設業者は、スターターハウスを供給する業者とムーヴアップハウスを供給する業者に分化し、両方の住宅を供給する業者は、アブ蜂とらずになり、市場から後退していった。

新しいマーケティング

人々は住宅を購入をするが、手に入れたいと思っているものは、その購入した住宅において享受することができる生活である。子供の教育、医療や健康サービス、日常生活を支えるスーパーマーケットやショッピングセンター、スポーツやリクリエーション、職場への通勤などの住宅地の生活内容として計画される生活と、接客できる空間、近隣とふれあうリビングポーチ、家族の団欒などの社会的な生活空間、夫婦の生活空間や子供たちの私的な生活空間を、どのような人たちが、どのようなライフスタイルを実現するために計画するかをデベロッパーは知ることから、マーケティング業務は始まる。

開発地の計画にあたって、はじめから予定する居住者像を具体的に想定し、顧客の対象となる人々が、住宅市場の中にどの程度存在しているかを調査して、開発計画を立案する。その後、計画に基づいて住宅を供給する住宅建設業者を集め、計画に沿った住宅建設を行わせることになる。

マーケティングの基本的な考え方は、各住宅供給業者が市場の中で求められている多様な住宅需要のうち、自らの最も得意とする技術で対応することができると考えられる住宅を供給することから始まる。そして、その住宅を供給した場合、競合することになる他の住宅供給業者に勝つことができると確信がもてる開発、および住宅建設に絞って取り組む。その開発および建設対象者については、市場の中から市場調査を行って絞り込みをする。その供給する住宅を求めている需要者を、対象の住宅市場から顕在化させ、供給者の見込み客とする方法が新しいマーケティングなのである。

住宅建設業者は営業上、それぞれが根を張っている地域で、目標とする需要者に絞って住宅を供給すれば、その供給されている住宅を求めている需要者には、高い満足感を与えることになる。このように需要者が求めている住宅の効用（デザイン・機能・性能）に的確に応えることができる住宅が供給され、需要と供給がうまく噛み合うことが、マーケティングでの最大の目的である。このようにマーケティングとは、需要と供給との「縁結びの仲人」の役割にたとえることができる。

セールスの基本、等価交換

需要と供給がうまく対応したとき、次の段階であるセールスと呼ばれる販売業務が取り組まれることになる。セールスの基本は等価交換である。住宅建設業者が手に入れたいものは、商品の交換手段としての効用をもつ貨幣であり、需要者の求めているものは生活の器としての効用をもつ住宅である。需給双方は、相違する効用を等しい価値をもっていると判断して交換し、満足し合うことで交換が成立する。この交換できる性格のことを交換価値という。この際、交換する効用それぞれのもっている価値を計測して、それらが等しいと認識されて交換が実施される。供給される住宅の価値の大きさは、顧客の求めている住宅の設計図書に基づいて、見積を実施し、算出される見積額として表される。

需要者にとって、供給されている住宅の効用が、どれだけそのニーズに合致する効用を有し、かつ、等価交換をするために、法律で定められた見積額が、市場の需給関係を反映した価値に合わなければ、セールスは成立しない。住宅が提供する効用が、顧客である需要者の求めているものであっても、市場における供給量が需要量を上回っている場合には、供給者の卓越する技術を駆使して造った住宅であっても、交換当事者が代金の支払い額と住宅の効用との双方に満足できなければ、交換は成立しない。

住宅の市場価値は、具体的に市場での住宅取引きで住宅に支払われる貨幣の量（価格）である。市場価格（マーケットプライス）は、需給関係を反映して変動し、その変動は市場価格の平均値を中心に波を打ち、決して拡散することはない。この平均的な価格のことを自然価格（ナチュラルプライス）といい、その社会において住宅を建設した場合に必要とされる平均的な労働の量（材料と手間に住宅建設業者の粗利の平均的な費用）として決定される。

その住宅を建設するために必要とされるが、住宅の一般的に考えられる価値の大きさである。米国における住宅産業は、住宅価格を住宅ローンとして金融機関の認める購入者の年収二・五～三倍で供給しなければならないとする経済環境の中で取り組んでいる。そのため、住宅の営業販売に掛けられる間接経費は、六パーセント以下を目標にしている。六パーセントの数字は、住宅の販売を宅地取引業者に依存した場合の手数料に相当する額である。

住宅建設業者は地場に根を張って、企業信用を企業の評判に変え、紹介客を得ることで、最小営業コストでの住宅販売を実現している。これは、実際の住宅販売において、住宅建設業者は、地場の宅地建物取引業者と提携して、住宅販売するというような提携した取組みを実際に行っている。

消費者満足／顧客満足

消費者満足または顧客満足は、基本的に消費者が手に入れようとしている。消費者が住宅および住宅地に求めている効用（デザイン・機能・性能）を期待どおり手に入れることができ、かつ、そのために支払った貨幣の量と、手に入れたものとが等価交換であると確認できたとき、契約当事者双方に満足が生れる。

しかし、住宅および住宅地の提供する効用は、その住宅および住宅地で生活を始めてみないとわからない。入居した住宅および住宅地で生活を始めてみて、当初の購入時にデベロッパーやビルダーが顧客に説明し、請負契約で具体的に取り決めた内容と実際の生活とが相違した場合は、その不動産取引は、表示契約に違反した瑕疵となる。また、住宅や住宅地として当然整備されているべきと社会的に暗黙裏に了解されているところが造られていなかったり、欠陥があるような場合は、当事者間に特段の表示契約がなくても、社会として暗黙裏にコンセンサスの得られている内容は、暗黙契約があるとされ、社会的コンセンサスに抵触する工事は瑕疵とされる。これらの表示瑕疵および暗黙瑕疵は、いずれも契約違反が認められるということで、不等価交換状態と判断される。

瑕疵の発生は、建築中につくられる場合もあれば、住宅の引渡し後に発生する場合もある。瑕疵の中には、設計者、施工者、工事監理者、材料製造業者、材料供給業者のいずれかに誤りや過ちがあって発生する場合があるが、いずれも善良な業務を行ったにもかかわらず、発生することもある。

過失があっても、無過失であっても、瑕疵が発生した場合には、その生産者は結果責任を負うことになる。それが瑕疵保証である。瑕疵保証は、瑕疵を契約に定めたとおりに修補する義務のことで、その保証期間は、表示保証については、契約または法令で定めることになるが、暗黙保証については、保証期限についても暗黙裏に社会で認めている期間とするべきこととされている。

デベロッパーおよびビルダーは、瑕疵保証をいかに確実に行うかという業務の取組みを通して、業者が建築主（顧客）に対して約束（契約）を守る業者であるとして信用を高め、業者の評判（レピュテーション）を高めることができる。デベロッパー、ビルダー、その他の不動産業者の誰であっても、その生業に関し、社会的に高い評判をつくることが、経営上最も重要であるとされてきた。

高い評判を得た業者は、その評判によって、紹介客その他評判を頼りに来訪する客が後を絶たず、マーケティングに大きなエネルギーを掛けないで、多数の顧客を獲得することができる。

顧客管理／カスタマーリレイション

米国では顧客管理（カスタマーリレイション）と言って、住宅建設業者は住宅を購入した人々と、その住宅に生活してもらっている間の関係を、科学的に管理する技術が重視されている。顧客管理の中には、これまでに獲得した顧客の管理と併行して、これから獲得する見込み客と成約することができるような取組みが行われている。地場の住宅建設業者にとって、重要で、かつ最も確実に効果的にマーケティングを行う方法は、これまでに住宅を購入した顧客に対する瑕疵保証を中心にしたアフターケア、メンテナンスである。

通常、住宅を顧客に引き渡すとき、その住宅地に関してはＨＯＡ（ホームオーナーズアソシエイション）との関連で、住宅地での必要な生活ルールを顧客に再確認させるとともに、顧客自らが豊かな生活をするためには、顧客自身が積極的にＨＯＡに働きかけ、ＨＯＡでの役割を担うことが必要であると、建設業経営管理（コンストラクションマネジメント）における顧客管理の技術として示唆している。

一方、住宅については通常、完成時に住宅の引渡しと同時に、住宅建設業者は住宅の設計図書に基づき、使用されている材料や工法について顧客に説明をし、部材の物理的寿命、製造業者の保証期間、建設業者の瑕疵保証期間、部材や工法の経年劣化現象の見分け方など、詳細にわたって文書で説明する。そして、顧客自身には、建築物の健康管理責任を担っている重要な人物であるという自覚を促し、住宅引渡し時に手渡される住宅の健康管理シートを見て、住宅を常に観察させ、異常が発見された場合には、その旨をファックスで住宅建設業者に連絡することをルール化している。

住宅建設業者は、ファックスに係る問題が緊急を要するときの呼び出し（コールバック）以外は、一年に一回、定期的に住宅の巡回相談に出向くときに、対応措置をすることになる。定期巡回の訪問は、建設業者と顧客との約束の面会日であることを忘れず、その日を一方的に破故にしたり、日時を変更することはやってはならない。

信用づくりの基本は、約束の確実な履行である。『星の王子さま』（サン-テグジュペリ）の中に登場する王子さまの育てた「バラの花」の物語は、顧客管理の原点になるものである。つまり、星の王子さまが育てたバラの花は、普通一般にあるバラの花と基本的には何も変わらないバラの花である。しかし、星の王子さまにとっても、バラの花にとっても、それぞれバラの花と王子さまは特別な相手なのである。

住宅建設業者にとっても、顧客にとっても、その工事によって結ばれた相手は特別な相手であるという理解が、顧客管理の原点なのである。その顧客は、工事を実施した住宅建設業者にとっては、一般の住宅を建設した消費者とは違って特別な顧客である。その住宅建設業者もまた、顧客にとっては、一般の住宅建設業者と違った自分の住宅を造ってくれた特別な住宅建設業者なのである。

住宅建設業者の技術力と責任感

一般に、住宅に使用されている部材や工法の劣化による事故は、善良な工事が行われている限り、住宅引渡し時に建築主に手渡した保証期間を十分上回る期間、発生することはない。顧客は住宅に事故がないことをもって、住宅建設業者が良い材料と良い工事をしてくれたことを確かめることになるので、それは住宅会社の信用を拡大させることになる。仮に、事故が発生しても、その事故原因を正しく発見し、無償で瑕疵を修補するなど事故対策が的確に実施された場合には、住宅建設業者の信用は、約束どおりの事故対策によっては、事故のない場合以上に高めることができる。

顧客は、事故の原因究明や事故対策のやり方を見て、住宅建設業者の技術力を知るとともに、事故対策が不等価交換状態の解消のために、住宅建設業者がその責任の下に対応するという姿勢をもって実施されるならば、顧客は、住宅建設業者の約束履行に臨む責任感や、誠実さの程度を知ることになる。つまり、事故に対する対応には、「顧客から言われたから直せばよいだろう」という姿勢で臨む場合と、顧客に対して、「不等価交換をしている状態を早期に解消しなければ、自らの責任が果たせない」という気持ちで臨むのとでは、顧客に与える印象および顧客の住宅建設業者に対する信頼の感情は大きく異なったものになる。その相違が住宅建設業者に対する信用と評判の違いになって現れることになる。

リレイションセールス（紹介客）

住宅建設業者は、住宅を顧客に引き渡した後、一カ月、三カ月、六カ月、一年と最初の一年は何度か訪問し、住宅の使い方や管理のしかたを指導し、顧客が「良い住宅を手に入れた」と実感をもてるように励ますことが重要である。二年目以降は、定期巡回を年一回程度行い、その際、使用された材料の保証期間や物理的耐用年数については、具体的に説明し、その期間が近づいたものや経過したものについては、修繕や取り替えが必要であることを警告する必要がある。

そして、予定された物理的耐用年数を超えても、安全性・衛生性を維持しているものについては、住宅建設業者が良い下請業者や材料選択をしたことを顧客に説明するようにする。通知した耐用年数を超えて使われている材料・工事に、顧客は満足を感じ、その後、雨漏り等の事故が発生しても、それは苦情にならず、耐用年数を超えて使えた分だけ満足になる。

顧客が、同じ住宅に生活しながらチェックする項目が多いほど、それだけ何度も繰り返し満足を感じることになるが、その満足を顧客が住宅建設業者を意識する形で、満足を感じることになれば、必ず顧客は、住宅建設業者を第三者に高く評価する形で説明することになる。顧客の家族から近隣へ、やがて地域へ顧客の住宅建設業者に対する評価は、高い評判をつくることになる。この評判は住宅建設戸数の増大とともに、また、住宅建設業経営経験を積むことによって、相乗効果をもって拡大することになる。

社会的な評判が確立すれば、その住宅建設業者が供給しようとしている住宅を求めている人は、まったく広告宣伝をしなくても、評判を頼ってやってきたり、紹介客としてやってくることになる。その結果、住宅建設業者は営業販売経費の支出が不用となるため、より高い利潤を手に入れることができるようになるのである。

三章　資産価値の高い住宅地開発

1――労働環境の変化と人々の生活

自由時間の拡大要求

フランスのミッテラン大統領が、自由時間省を創設し、自由時間大臣の下で自由時間都市の建設に取り組んだ話は、すでに旧聞になっている。この時代、米国では、まったく同じ考え方で伝統的近隣住区開発（ＴＮＤ）の取組みが始まり、ドイツでは、グリーンツーリズムが盛んに取り組まれた。英国では、チャールズ皇太子が「英国の未来像」（Vision of Britain）をＢＢＣ放送で、都市および建築による文化的空間についての問題提起をし、それが現代の英国におけるアーバンビレッジの取組みの端緒となった。

日本だけは、それを歪めて、生活者不在のリゾート開発に突き進み、バブル経済に向けての不動産投資や、チバリーヒルズ（千葉県土気町）と揶揄された豪華箱物づくりやテーマパークづくりに狂奔した。その結果が「仏造って魂入れず」の生活の息づかないリゾート開発が崩壊して、ＴＶや映画のアニメで有名な宮崎駿の「千と千尋の神かくし」の舞台となっている。

欧米の取組みは、産業構造が重厚長大から軽薄短小になる先進工業国では、肉体労働ではなく、知的労働の比重が高まるにつれ、その生産力が高まる分だけ、労働に対する緊張感（ストレス）は高まることになる。つまり、わずかの作業ミスが膨大な損失と隣り合わせになっている。

このような現代の産業社会の中で、労働者が労働関係の中で受けるストレスによって心身の健康を壊すことなく、かつ、労働自体が円滑に、ミスなく実施される必要がある。そのためには、労働のストレスが身体に蓄積しないように、労働時間を削減し、労働者が自分で自由に使える自由時間を拡大する必要がある。

労働生産性や労働力自体、技術革新の成果を反映して上昇しているため、労働時間の短縮が、その量に比例して、生産量の減少や労働者の所得の減少になるわけではない。しかし、労働者にとっては、仮に、若干賃金が減少しても、自由な時間を手に入れ、それを個人や家族のための時間に使えることは、必ずしも出費が拡大することではない。それだけではなく、金銭で買えない自由時間という豊かさを手に入れる利益であると、欧米の人々は考えている。当時、一年間二一〇〇時間の労働時間を、当面一八〇〇時間にまで削減することが政策目標とされた。現在、フランスやドイツでは、年間労働時間は一六〇〇時間台となっている。

自由時間の拡大は、毎日の労働時間の短縮、週休二日の実施、週六〇日というような具体的な労働環境への移行を意味していた。第一次産業は、産業が土地に拘束され、第二次産業は、産業が立地条件に強く縛られたのに対し、第三次産業では、立地に拘束される程度が弱くなってきた。特に情報に依存する作業が拡大するにつれ、自宅で会社の作業をすることも、その他自由な場所で作業することも可能になってきた。全米では、五〇〇万戸近い住宅にホームオフィスが設置され、会社の仕事と自宅ですることも、複数の企業と業務契約をして、自宅の事務所でその仕事をこなすことも行われている。

人々は自分自身の生活をより重要と考えるようになっていることから、企業立地や労働条件を前提にしたライフスタイルではなく、個人のライフスタイル重視の計画になっている。南フランスのラングドックルシオンの開発や、米国のフロリダ州シーサイドの開発のように、長期休暇のためのリゾート開発も、人々のライフスタイルとして、同じリゾート地に繰り返し長期滞在し、リゾート地としてのコミュニティライフを楽しめる開発になっている。

つまり、そこでは、都市で生活するよりも、むしろ費用を掛けないで、都市生活でのストレスから完全に開放されたリゾートが楽しめるコミュニティがつくられている。人々の一年間の生活をメリハリのある豊かな生活にするために、長期に自由時間をリゾートライフとして過ごすことが、多くの人々の選択するライフスタイルになってきている。

勤労者のストレス解消環境

一方、都市の日常生活の中でも、自分の生活の中に都市生活のストレスを解消する方法として、住宅の中のストレス開放の空間として、バスルームに注目されている。米国のフィラデルフィアにある、一九世紀に建てられた四階建のタウンハウス（連続住宅）では、ワンフロア全部がバスルームとして、あたかもプールサイドでのんびり過ごすことの豊かさを住宅内で享受できるようなリモデリングがなされている。バスルームにデッキチェアが持ち込まれ、そこで終日読書をして寛げる空間もつくられている。

バスルームは都市生活のストレスから避難するところであるとも解説がつけられたモデルホームも展示されるようになってきている。そこでは、色彩やデザインを工夫した衛生器具、オブジェとしても面白いフォセット（衛生金具）、屋内観葉植物、内装にテーマをもったデザインとＢＧＭによる音響環境など、寛ぎや癒しのリクリエーション環境が次々と新しいバスルームとして提案されている。

全米の衛生器具業界をリードするコーラー社の造った町コーラー（ウィスコンシン州）は、世界の中で最も美しい町の一つと言われている。その町の中心に、コーラー社のショウルームがある。そこには数多くのデザインされたバスルームのモデルがあり、日常生活の中のリクリエーション空間の奥の深さを見せてくれる。バスルームこそ、住宅の中につくられた生活のオアシスであるべきという考え方が納得できる実例である。

バスルームと並んで重視されているのが、ガレージ（車庫）である。車庫は、倉庫と作業場を兼ねた空間であり、車を車庫の外に出して、車庫スペースで趣味のＤＩＹなどが取り組まれている。

車いじりもガーデニングと並んで多くの人々の趣味になっている。

生活中心の都市開発

人々の、生活を重視する傾向が強まる社会的背景を反映して、まず、人々が豊かな家庭生活を享受することができる環境づくりを先行して考え、そのような優れた環境の中で生活したいと願う人々の雇用を求めた企業立地へ向け、町の開発が取り組まれるようになった。

米国のカリフォルニア州サクラメント郊外に開発されたラグナーウエストは、その代表的な事例である。ラグナーウエストの開発は、自分たちの生活を大切にする人々の支持するライフスタイルを享受できる住宅地を開発すれば、必ずそのような有能な労働者を雇用しようとして、企業が立地すると考えた計画どおりに、アップルコンピューターなど優秀な最先端企業が立地した。ラグナーウエストの新しい町づくりの成果は、全米で高い評価を受け、歴代の大統領が視察に来ることでも有名になった。

この計画の成功は、その後、連鎖的に各地で取り組まれている。ワシントン州のデュポンの工場跡地では、生活者本位の開発が、ノースウエストランディングという名で進められた。そこにはインテル社等の先端企業が立地することになった。また。ウォルトディズニーが、フロリダ州オーランドで開発したセレブレイションは、充実した商業や娯楽の施設の整備されたダウンタウン、ディズニー本社や関連会社の事務所のある業務地、教員の再教育の場を併設した九年生の学校、日常の健康管理と高齢者のデイケア施設を持った医療福祉施設を先行整備した開発として、また最初の居住者にも熟成した都市のアメニティを提供する開発として、全米の優秀な建築家によるダウンタウンの建築物の競演ともいうべき賑わいのある魅力的な都心の盛り場の建設が取り組まれた。セレブレイションは豊かな生活を享受しようとする多くの人々を魅惑し、それらの人々を雇用しようと多くの企業が立地し、都市開発事業は大きな成功を収めている。

住宅および住宅地の開発は、人々の労働環境と生活様式のライフスタイルと深く結びついている。人々の生活要求に対応することができる住宅および住宅地は、常に人々が住みたいと憧れる居住環境として、高い資産価値を持続することになる。効用として求められるデザイン・機能・性能に関して、デザインとしては高い審美性をもち、機能としては、居住者のライフスタイルに対する高いフレキシビリティのある生活順応性をもち、性能としては、交通、犯罪および災害への安全性や健康衛生性が求められる。このような住宅および住宅地は、長い歴史の中で生き続けることになる。

2──資産価値が評価されたガーデンシティ

居住者が帰属意識のもてる町

英国のガーデンシティ（田園都市）は、一九世紀末にエベネツァ・ハワードにより構想され、二〇世紀の世界のニュータウン建設に大きな影響を与えただけでなく、二一世紀の都市づくりの中にも、その考え方は生かされている。ガーデンシティそのものの構想は、産業革命によって一挙に、空気や水に汚染の進んだ環境公害都市の中から、労働者を衛生的な健康で文化的な住宅地へ救出（レスキュー）するプロジェクトとして考え出されたものである。

ハワードは、シカゴで生活していた頃、シカゴからニューヨーク近辺まで、米国の大都市を見て、工場主という特別の工場町をつくるスポンサーがいなくても、町づくりは可能であることを、社会資本が皆無であったアメリカで、人々が豊かな町をつくり上げている現実から学ぶことになった。人々が豊かな生活をすることができる住宅地に必要な施設は、既存の社会資本は整備されていなくても、居住者の負担によって十分成立できるということであった。

住宅地に人々が住みたいと思うようにするためには、まず、その住宅地居住者にとって、町への愛情や帰属意識を深めることができるデザインとして計画されることである。次に、住宅地は居住者の生活要求に応えることができる学校、教会、生活利便施設、公益施設が整備されていなければならない。そして、住宅地は、そこに住む人々がお互いに助け合い、理解しあうことができるように、お互いに接点がもてるような計画がなされ、人々のネットワークによって安全な町としなければならないということであった。

ハワードは、最初のガーデンシテイ・レッチワースを計画するにあたり、このような町づくりに関し、すでにヨーク市郊外のチョコレート工場町ニューイヤーズウィックの開発で優れた実績をあげたアンウィンとパーカーという二人の建築家・都市計画家に委ねることになった。二人は、レッチワースの居住者として予定されている人々の中には、ドイツに縁の深いクェーカー教徒が多数見込まれているだけでなく、アングロサクソン自身がデンマークから移住してきたゲルマン系のバイキングの一部族と考えられていることから、レッチワースの町のデザインとして、これらの居住者の心象風景と考えられる中世ドイツの田舎のデザインを基本に計画がつくられた。

住宅地の計画技法として、一九世紀、A・J・ダウニングが『ビクトリアン・コテージ・レジデンス』の中で、ランドスケーピングを考えた住宅地開発の基本技術を明らかにしている。ダウニングの考え方は、その下で協力したフリードリッヒ・オルムステッドの手により、造園技術やランドスケープ技術として発展させられることになる。ダウニングやオルムステッドの町づくりの技術は、当時の英国や米国の町づくり関係者に、ピクチャレスク（絵画のように美しい構図）のランドスケープ技術として、広く受け入れられていた。パーカーやアンウィンもまた、ダウニングやオルムステッドのピクチャレスクなデザイン技法を学び、最初のガーデンシティをデザインすることになった。

ガーデンサバーブ

ハワードによるレッチワースも、その計画に引き続いて実施されたウェルウィンの計画も、母都市ロンドンから五〇キロメートルと、当時の交通機関のスピードでは離れすぎていて、通勤自体に困難があった。そのうえ、まったく白紙の状態の土地に計画された都市は、都市が完成すれば高いアメニティが約束されても、未熟成都市には施設は充実できず、利便性の面でも未熟成で、都市の賑わいの面でも欠陥が多く、計画どおりの成長はできなかった。

そのため、ロンドンの北部に位置する近郊丘陵地ハムステッドにおいて、ハムステッドガーデンサバーブ（田園郊外）の開発計画が取り組まれることになった。ロンドン市は、通勤交通に低運賃制を導入し、イーストエンドの工業地域の労働者への通勤の便宜を図ったが、労働者の生活改善を図るための町として熟成することはなかった。遂に労働者を中心にする計画は見直されることになった。

しかし、現在、ハムステッドガーデンサバーブやレッチワースに出掛けてみると、ハムステッドはロンドン郊外の高級住宅地として、レッチワースは勤労者の憧れの住宅地として立派に育っている。その基本的な理由は、これらの都市づくりの設計が最初の都市デザイン（仕立て）にあたって、一〇〇年以上経過してもなお、居住者が帰属意識がもてるピクチャレスクな町としてつくられたことにある。

地主の資産形成意欲に支えられた町づくり

このガーデンシティ開発の経営上の考え方は、一七〜一八世紀から航海術を背景にした重商主義・植民地経営につながる七つの海にまたがる貿易振興と産業革命の中で都市化が進む過程で、英国の地主達が富を築き上げていった経験に学ぶものであった。地主達は、都市成長の下で、それまでの農業的土地利用によって得ていた農業地代に代えて、その数千倍の額の都市的土地利用によって得られる地代を手にすることにより、大きな富を築くことに成功したのである。

地主は、その保有する土地を自らの事業に使うこともあるが、一般論として、地主が事業家でなければならないわけではないし、事業家としての能力をもっているわけでもない。もちろん、地主の個人的な利用として必要な土地は限られている。地主は自分で利用しない土地を自分自身が事業をするよりも、より高い収益をあげることができる者に、自らの土地を賃貸借に出すことによって、地代という果実を手に入れる階層なのである。農業的土地利用は、放牧にあてても、穀類や馬鈴薯を栽培しても、農業経営によってあげられる利益は限られており、地代も農業経営による利益の配分にくみするに過ぎない。

しかし、産業労働者や中産階級を相手にした住宅地代は、労賃として支払われる賃金をベースにして、その家賃、地代の支払い額として決められる。農業生産に比較して、工業生産の生産性の高い分だけ、より高い地代負担能力をもつことになる。一七～一八世紀には、ロンドンやエジンバラのような大都市では、貴族達が都市で生活する場としてのタウンハウスや、重商主義経済下で交易関係に携わる商人達が、都市に多数居住することになった住宅需要に応えて、ジョージアンテラスやビクトリアンテラスが建設された。これらの連続住宅は、基本的に借地権付き持家として供給された。

タウンハウスという名称は、現在では連続住宅と同義のように使われているが、この使われ方は、マンションという呼び名と似ている。英国は大地主国で、大地主達は地方の荘園（マナー）の領主であって、荘園には「お国の家（カントリーハウス）」として本宅を持っていた。この荘園の館は、一般的には「マナーハウス」と呼ばれている。この貴族に列せられた荘園領主が、都市に滞在し生活する邸宅のことを「タウンハウス」と呼んでいた。タウンハウスはカントリーハウスの対立語である。この貴族の館にあやかって、高級な都市住宅の名前を長屋につけたのが、現代のタウンハウスである。タウンハウスそれ自体の語源は、日本で最も近いものが江戸時代の各藩主の江戸の下屋敷である。

3—ラドバーン開発とＨＯＡ

借地持家（リースホールド）から持地持家（フリーホールド）へ

英国のガーデンシティの考え方は、米国の町づくりに持ち込まれることになった。その代表的な例が、ニュージャージー州フェアローン郡で取り組まれたラドバーン地区開発である。この開発計画は、開発に着手された一九二九年が世界恐慌に見舞われたため、当初の計画は三分の一の規模に縮小されたが、その後の新都市開発の礎となった。

ラドバーン開発が始まった当時、乗用車が人々の生活の足となり始め、自動車事故が大きな社会問題になり始めていた。ラドバーン計画では、学童や生徒が自動車幹線道路を横断しないで通学できるようにする歩車道分離の交通ネットワークを導入した。各住戸に対して、車の出入りする道と、徒歩で人々とが行き交う系列を分離するため、車道をクルドサック（袋路）として取り入れ、その周囲に住戸がクラスター（葡萄の房）をつくり、車道の反対側に歩道を作るような計画技法が取り入れられた。

しかし、ラドバーン開発がガーデンシティの事業と最も相違するところは、住宅所有者に、その土地も一緒に譲渡したことである。つまり、英国の住宅開発が踏襲してきた借地（リースホールド）持家をやめて、持地（フリーホールド）持家にしたことであった。これは、住宅所有者が都市の熟成にともなう開発利益を手に入れたいと思ったためであるし、デベロッパーとしては、初期投資を早期に回収することができるという利益があったためである。

デベロッパーは、開発地を住宅所有者のほか、利便施設等の施設所有者に分譲し、また道路、公園、公共施設用地は、それぞれ公共施設管理者に管理移管された。そしてデベロッパー（開発事業者）には、これらの土地以外の共有地（コモン）が残されることになった。ラドバーン開発の住宅地が、ガーデンシティのように、全体が資産価値のある町として維持管理されるためには、ラドバーン開発計画として取り組まれた土地利用が維持管理段階においても尊重される必要があった。

ＨＯＡ（ホームオーナーズアソシエイション）

このように住宅地の資産価値が持続的に維持されることは、ラドバーンの居住者の共通の利害にかなっていた。そこで、それを具体的に実現する方法として、ラドバーンに住宅を所有する各世帯（ホームオーナーＨＯ）が、全員加入する協会（アソシエイションＡ）が作られた。ラドバーンＨＯＡは法人格をもち、ラドバーン地区を一元的に維持管理する団体としての役割を担うことになった。ラドバーンＨＯＡは、ラドバーン地区開発事業者から、共有地（コモン）の移管を受け、共有地に対する直接的な維持管理を行うとともに、開発事業者が、ラドバーン地区内での住宅等の建設にあたって建設許可条件とした内容を、引き続き維持管理基準として継承し、既存住宅の管理に使うことが行われることになった。

ラドバーンＨＯＡは、各住宅所有者がフェアローン郡に納税している固定資産税の二分の一に相当する額を、各住宅所有者から管理費として集め、その費用で共有地（コモン）の管理費とＨＯＡの運営経費を賄っている。各持家所有者は、ラドバーンＨＯＡの運営管理に対し、一票の議決権をもち、自治機能をもって運営されることになった。ラドバーンＨＯＡは、各持家所有者を株主とする住宅地全体の資産価値を維持させるための非営利団体というべき組織である。

ラドバーンＨＯＡの運営管理は、その役員すべてが無給のボランタリーで働き、居住者それぞれが、もてる能力を発揮することで、ラドバーン地区の資産価値を高める努力がなされている。住宅管理技術としては、ヨーク市の郊外に造られた工場町ニューイヤーズウィックの町でその維持管理を充実させるために、ラウントリーが設立した住宅地の維持管理財団の経験が、レッチワース・ガーデンシティの借地持家の住宅地維持管理に生かされた。

このガーデンシティの借地持家の住宅地管理技術は、住宅所有者だけでなく、住宅地管理者であるデベロッパーの資産形成に資するものであった。ラドバーンの住宅地管理技術は、持地持家の所有者の利益増進を中心に考える新しい技術として、またＨＯＡのあり方を、住宅所有者の自治団体としての新しい住宅地管理主体として明らかにし、その後の町づくり管理の方向付けを行うことになった。

世界恐慌からの経済の再建に取り組んだルーズベルト大統領は、ラドバーン開発を高く評価し、ニューディール政策の中に、ガーデンサバーブ（田園郊外）の考えに立った新しい郊外住宅を推進することになった。ガーデンシティのアイデア自体は、エベネツア・ハワードによって集大成されたが、ガーデンシティそのものの名称は、ハワードが米国在住時代に、ニューヨークで開発された郊外住宅の名前にあったものを借用したものだといわれている。

米国では、英国のガーデンシティと同様の開発が継続的に開発されており、その代表的な例は、一九一一年に着工されたフォレストヒルズガーデンと呼ばれる開発である。この内容は、ハムステッドガーデンサバーブに相当する郊外開発である。この住宅地は、ラッセル・セージ財団が、開発地全体を所有し管理する借地持家による住宅地開発であるが、この開発では、開発地内の土地を業務地、住宅地として販売したため、セージ財団はこれらの所有者全体の加入するガーデンコーポレーションに引き継がれた。このコーポレーションはＨＯＡの考えに近いものである。

四章　資産形成となる住宅地経営

1──アメリカの住宅地開発

消費者の生活要求に応えた町

全米における個人資産形成の四〇パーセントは、持家取得によって実現されている。その背景には、全米平均で既存住宅（existing house）（米国では「中古住宅（used house）」という言葉はない）は、年平均六・五パーセントで値上りし続けているという統計上の裏付けがある。このように値上りをしている理由は、住宅が市場において、売り手市場を持続するに足りる効用があるとされているからである。

人々は住宅を取得しようとする第一の理由は、そこで豊かな生活を営もうとすることであって、そのためには、住宅自体が自らの嗜好を満足させ、社会的にも素晴らしい住宅に住んでいると評価され、また家族が仲良く生活でき、家族の団欒が楽しめるとともに、誇らしい気持ちで客を招き、もてなしを楽しみ、来客にも喜んで寛いでもらえるような家であることが必要である。

住宅自体が、豊かなデザイン要求やライフスタイルに応えることは重要なことであるが、その住宅で豊かな生活を実現するためには、住宅地として、ピクチャレスク（絵画のように美しい構図をもった）な町並み、子供の教育、保健医療、日常生活を支えるショッピングなど、豊かな生活を支える生活インフラが整備されている。そして、その住宅地での生活を、お互いの豊かな生活実現のために、支え合うことに積極的な人々が生活することで、はじめて、豊かな生活が保障されることになる。

住宅地の居住者は、一見、住宅地が提供する環境を受動的に享受しているように見えるが、実は、居住者自身が住宅地の環境形成の重要な構成要素になっているのである。住宅がどれだけ素敵であっても、住宅地が良くなければ、そこでの生活は貧しくなってしまう。住宅も住宅地も立派につくられていても、そこで居住者が悪い生活をすれば、資産価値のない環境になってしまう。

その中でも、米国では住宅立地こそ、すべての住宅選択条件の中で最も優先させなければならないと考えられている。この考え方は、不動産鑑定評価の中にも明確に反映されており、住宅地のデザイン・機能・性能について、住宅単体と同様に重視するだけではなく、そこでの居住者も不動産評価の重要な要因になっている。

ライフスタイルを考えた町

米国において、第二次世界大戦後の産業構造の変革期に引き続いて、一九六〇年代の「豊かな社会（アフルエントソサエティ）」を目指して、都市や住宅が熟成期に入ると、豊かな住宅需要が拡大し、住宅取引は一層活発になり、その中でコンドミニアム（集合住宅）の建設が急拡大した。

コンドミニアムは購入者にとって、取得物件を直接確認できるという信頼感に支えられて、販売戸数は急増した。しかし、当時、人種差別は公民権問題をめぐって激しく争われていたため、コンドミニアムの入居は、人種差別問題を結果的に顕在化させることになった。つまり、一般公募では特定の入居者を排除できないにもかかわらず、黒人の入居を認めなければ差別問題となり、逆に入居を許せば、不動産取引価格の下落という形で問題を提起することになった。

コンドミニアムの問題は、人種差別だけではなく、ペットの飼育、楽器の使用や音楽の楽しみ方、若年者と高齢者との生活様式上の摩擦など、多様な社会問題として現れ、民事紛争という形で争われることになった。

この紛争は、住宅や住宅地を、「物の取得」という見方だけで捉えることはできないことを認識させるものであった。住宅はそこに居住することによって、どのような生活を享受できるのかを考えさせ、住宅販売は、物としての販売ではなく、その住宅で生活をはじめた場合、どのような生活（ライフスタイル）を享受することができるかを販売しているのだ、ということが認識されるようになった。

人種差別は間違った不当な行為であっても、歴史的、社会的に形成されてきた人種の相違に根ざされたライフスタイルによって、それぞれ固有の生活が得られるようにする区別は、逆に人々のアイデンティティーに対する尊重されるべき要素でもある。それは人種によって分けられるものではなく、ライフスタイルという社会的な生活行為によって区別されるべきであるというモザイクシティ（都市は全体がホモジニアス・均質的につくられるものではない。類似した社会階層が集住して、個性豊かで、費用対効果のよいコミュニティをつくる。その多様で異質なコミュニティがモザイクのように集合して魅力的な都市がつくられる。）の考え方が育っていった。つまり、人種や民族が相違しても、一定の地域において、そこで居住する人々が、お互いに尊重できるライフスタイルを求め、その社会の共存共栄できる仲間として受け入れられなければならない。このようなライフスタイルを重視した町づくりの考え方が、豊かな米国の資産形成を支える住宅地づくりなのである。

2——住宅地の資産管理主体ＨＯＡ

シングルファミリーハウスとマルチファミリーハウス

米国の持家は、基本的に土地付き住宅である。その中には、シングルファミリーハウスと呼ばれる各住戸専用・専有土地を持つ住宅（独立住宅、二連戸住宅、連続住宅）と、マルチファミリーハウスと呼ばれる土地を共有・共用する住宅（共同住宅）とがある。シングルファミリーハウスの所有者は、住宅同様、土地についても高い執着心をもっているのに対し、マルチファミリーハウスの所有者は、自らの住戸と住棟には高い関心はもっているが、その土地に対する関心は稀薄である。

　そのため、住宅地の管理をする場合にも、これらの相違する持家階層を一緒に扱うのは適当ではないと考えられ、都市計画法上の土地利用区分においても、シングルファミリーハウスとマルチファミリーハウスとは、異種類の土地利用区分とされている。

　都市計画法上、別の土地利用区分としている理由は、居住者の土地に対する関心だけではなく、地価形成のメカニズム自体が基本的に相違するためである。持家であっても、借家であっても、その住宅費負担は基本的に個人の家計支出に基づいて実施されている。そのため、貧富の差によっての住宅費負担能力の差はあっても、同じ社会階層が居住するシングルファミリーハウスで造られた住宅地であれば、自ら専用できる宅地規模は、一定の範囲に収まることになる。

　しかし、マルチファミリーハウスの場合には、同一規模の宅地に、住戸を重層して積み込めることから、一宅地当たりの収容住戸数は、容積率の制限がないかぎり、理論的には無限大である。地価が高くてシングルファミリーハウスの土地利用とされた場合は、基本的に地代負担の能力が低い。そのため、そこをマルチファミリーハウスとすれば、生活不可能であるとされるほど所得の低い人々であっても、土地の立体利用によって、各住戸当たりの土地費負担能力を引き下げることにより、容易に居住することができる。

　環境の良い高級住宅地であっても、そこに高密度に開発された共同住宅が建設されて、所得の低い階層が生活するようになっても、地価は下がらない。住環境が混乱して悪化しても、同じ土地面積に多数の住戸が詰め込むことができるため、戸建住宅の五倍の住戸が詰め込まれるとすれば、一戸当たりでは、五分の一の土地費負担でその土地に居住することができる。そのため、環境の良い高級な住宅地ほど、高密度に多数の住戸を詰め込み、通常ならばとてもそこには居住できないような低所得者という大量の住宅需要者を狙った住宅開発が取り組まれることになる。

所得の高低は、人々のライフスタイルと直接関係している。高所得者と低所得者を混合して生活させる住宅地は、両者にとって貧しいアメニティしか提供できないだけでなく、住民の反目を助長するギスギスした町をつくることになる。

生活環境を守る土地利用

米国においては、このような不良な住宅／住宅地が都市資産を形成することに対し、個人も社会もデベロッパーも反対する。現在、米国で注目を集めている住宅地開発で、ワシントンDCの郊外に位置する、メリーランド州のゲイザーズバーグで開発されたケントランドでは、同じ住宅地開発の中で、シングルファミリーハウスとマルチファミリーハウスの開発地区を明確に区分して開発している。この二種の開発地区は、全体を一つのHOAの下におきながら、シングルファミリーハウスによる住宅地とはそれぞれに区分した部会を設け、別の管理規定によって、住宅地の運営管理が行われている。

この住宅地は、一九八〇年代末に、ＤＰＺ（アンドレス・デュアニーとエリザベス・ザイバーグ夫妻）が取り組んだＴＮＤ（トラディッショナル・ネイバーフッド・ディベロップメント伝統的近隣住区開発）として、全米のジャーナリズムで高い評価を受け、その後のサスティナブルコミュニティ・プロジェクトの発展のための大きな礎となったプロジェクトである。

ケントランドが提供しているものは、自然と調和し、人々のネットワークのある安全でノスタルジックな生活の実現である。この住宅地は、開発時点から全米の関心を惹き、特にワシントンＤＣへの通勤圏にあることから、勤労者にとって理想的な待望の住宅地という評価を受けることになった。

ケントランドは、一九八〇年代以降の定住型サスティナブルコミュニティの代表的事例として、全米だけでなく全世界から高い関心をもって評価され、モデルとされている住宅地開発でもある。それはエコロジカル（生態的）だけではなく、エコノミカル（経済的）にサスティナブル（持続可能性）を実現している。

開発当時は、建設された住宅が、販売までに一カ月程度も要していたが、現在では販売に掛ければ、一分後には売却されるといわれているほど高い需要に支えられ、住宅取引価格も全米平均をはるかに上回る早さで上昇している。その背景には、ＴＮＤとしての計画内容が、定住化できる都市の高い定住要件を実現している事実とあわせて、シングルファミリーハウスとマルチファミリーハウスとを区別した住宅地の開発と、そのＨＯＡによる管理が計画どおり実施されていることにある。

法人格をもつ住宅地管理主体ＨＯＡ

ＨＯＡは基本的に、持地持家の居住者を構成員とする住宅地の資産管理法人である。大地主国である英国では、ガーデンシティでも借地持家方式により、地主となった田園都市会社の都市熟成による資産価値の上昇を地代収入としてきた。米国は英国の経験に反発し、住宅所有者が開発利益を手に入れる持地持家方式に転換することになった。しかし、各住宅所有者が住宅の不動産価値を高めるために、住宅地全体の地区経営管理において、資産価値を高める取組みが不可欠であると理解していた。それは、個々の持家の所有者が管理する土地が、基本的に開発当時の町づくりの考え方を尊重して維持管理されるとともに、持家用地や道路、公園、緑地などの行政財産に移管される土地以外の、誰にも帰属しない共有地（コモン）の計画どおりの管理が必要と考えられた。

ＨＯＡは、コモンに一元的な所有および管理を行うとともに、デベロッパーは、住宅地開発時の開発条件を住宅地の維持管理規定として、持続的に居住者の遵守すべき常態規定として義務付け、優れた環境を担保してきた。ＨＯＡはそれ自体、非営利団体ではあるが、各住宅所有者を構成員とする資産管理主体である。その実質的機能は、英国のガーデンシティ会社や、それ以前にラウントリーによって取り組まれたニューイヤーズウィック（ヨーク市）の住宅地管理財団と同様に、住宅地全体としての効用を高め、資産価値を高めようとする役割を担ってきた。つまり、各住宅所有者にとって、その住宅資産価値を高めるためには、住宅地全体の管理が不可欠であるという社会的な理解が培われているのである。

3──英国のガーデンシティの経営基盤

大地による都市開発経営

英国のガーデンシティは、それ以前の時代、英国という大土地所有者（大地主）による住宅地経営のやり方を学んだものである。地主は土地を所有し、そこで自ら事業を実施するか、またはそれを他人に賃貸し、地代によって利益をあげていた。羊を放牧し、小麦やジャガイモを植えることで農業収益をあげたり、土地を農業経営者に賃借することにより農地地代を得ていたのが、英国の大土地所有者である。英国は重商主義の発達とともに商工業の発展にともない、都市活動が活発化し、地方に住む領主や従者が都市に居住し、商工業者とともに都市居住人口は、急激に拡大していった。

都市域に転換される大土地所有者は、都市的土地利用の需要増大に応えて、土地の区画形質を、農業的土地利用から都市的土地利用に変更して、賃貸借によって、住宅やその他の施設の建設需要に応えてきた。そこで地主が手に入れることができる地代は、農業経営による収益や、農業的土地利用による地代に比べ、数千倍以上にものぼる場合もあった。

英国はフランスと違い、城郭都市ではなく、都市は比較的外敵に侵犯されなかったため、人口の都市集中があれば、都市は自由に市域を拡大することができた。そのため、人々の土地に対する執着も強く、都市住宅はシングルファミリーハウスがほとんどを占めていた。この点が、大陸の城郭都市のように市域が城壁で拘束されているため、土地の立体利用に走らなければならないマルチファミリーハウスが一般化したフランスとは、顕著な対照をなしている。

英国の大都市ロンドン、エジンバラ、バースなどの市街地に林立するジョージアンテラスやビクトリアンテラスは、これらの連続住宅によって、三次元の空間を規定しているが、これらの中層建築物が造られた背景には、都市の多くの土地が大地主によって所有され、地主の土地経営のあり方として、テラスの建設がされていた事実がある。

地主は自分の所有する土地の資産価値を高める方法として、テラスを建設した。高い資産価値を実現するためには、高い住宅費（地代）負担のできる富裕階層に生活してもらい、高い満足を与えることができる住宅地を提供する必要があった。当時、英国では、すでに住宅地の開発について、所得によって住み分けることが、政策的な裏付けの下で実施できるようになっていた。政府は、国民の所得に見合って、入居するテラスの構造を三段階に区分し、各区分に合わせて、階高、棟高、規模等を定め、住棟全体の外観によって、居住者の貧富を見分けることができるようにした。

居住者も住宅地の資産形成要因

エジンバラで一八世紀に建設された高級なジョージアンテラスには、居住者専用のプライベートガーデンが設置され、そのテラス居住者以外の庭園利用は禁止されていた。しかし、庭園は居住者が利用するには、広すぎる大きさであったため、庭園のみの利用を認める権利を、庭園の鍵を販売するという方法で実施された。その後も庭園利用の希望が強く、闇市場でニセ庭園鍵を含む鍵取引きが行われたと伝えられている。このように、高級な住宅地は、二〇〇年経った現代でも、エジンバラの高級住宅地なのである。

地主たちの関心は、町並みとしての優れた景観の担い手になれるようなテラスの建設をすることが、結果的に高い地代の実現になるということに向かっていった。現在、英国の大都市には、当時建設されたテラスが、美しく、威厳ある町並みとして、人々の関心を惹き、町並み観光の重要な要素になっている。

これは、これらのテラスが連続住宅の棟全体のデザインとしての美しさを誇り、都市で高い利便性のある生活を支える手段としての機能も果たし、安全な都市性能を実現していることによって、現代の人々から高い支持を受けているからに他ならない。ジョージアンテラスは、棟全体として対称形につくられ、棟全体がローマ建築と比較された。棟として美しく造られた住棟は、即、都市空間の主要な構成要素となっていった。

当時の英国では、産業革命が最も早く始まり、多数の労働者のためにも、テラスが建設された。しかし、厳しい労働条件の下で、安い賃金で働かされた労働者は、安く最劣等のテラスにしか住めなかった。これらの最劣等のテラスは、階高も棟高も低く、更に棟割長屋（ハーモニカ長屋／住戸が背中合せにハーモニカのように並んだ棟割長屋）であった。

これらの労働者向け長屋も、確かに高い需要に支えられ、住宅投資としては高い利益率を約束するものであったが、日本の戦後の高度経済成長期の初期に簇生した木賃アパートや文化住宅のように、国民の生活レベルが高まると需要者を失い、ルンペン達の住むスラムに転落していった。つまり、目先の利益を追う地主にとって、当初は高い利潤を約束したが、やがてそれらは負の資産に転落していったのである。これらのハーモニカ長屋として造られたジョージアンテラスは、現在ロンドン中探しても見つけることはできない。

ハワードの「ガーデンシティ」の経営思想

英国のガーデンシティは、産業革命の結果、都市の公害で不健康な状態におかれていた労働者を、公害地から救出するプロジェクトとして取り組まれた。チョコレート工場や石鹸工場のような産業革命の中で、高収益をあげることができた優良企業は、健康で衛生的な自然環境の土地に、工場を丸ごと移転し、工場町を造り、そこで労働者に健康的な住宅地を提供することに取り組んだ。リバプール郊外のポートサンライトやバーミンガム郊外のボーンビル、ヨーク市郊外のニューイヤーズウィックがその例である。一方、中産階級は鉄道の発達を利用して、郊外地の健康な住宅地に脱出することができたが、多くの労働者は不健康な公害環境に取り残されることになった。

英国から空想的社会主義的な農業経営を志して渡米したが、事業に失敗し、シカゴで議会のタイプライター打ちをして生計を立てていたハワードは、社会資本を移民達自身がつくり、その経験を郊外住宅地開発に生かしている米国の社会を見聞し、そこで生活をし、英国に帰ってきた。そこには厳しい産業公害の町があり、労働者は結核やチフスなどの伝染病に苦しめられ、そこから脱出する途も、町を改善する方法も与えられていないことを発見した。

政府は、労働者居住地の調査をし、対症療法としての対策を、次々に実行に移していたが、その根本的な解決になっていなかった。ハワードは、居住者達自身のスポンサーシップの下で、公益、公共施設を整備し運営している米国の経験と、これまでの英国の地主達の、借地による都市的土地利用が高い利益を地主にもたらしている事実を鑑みて、都市郊外におけるガーデンシティ（田園都市）の構想を、人々の生活と都市経験との両面から具体的に措いてみたのである。

ハワードの田園都市経営の考え方を平易に解説すれば、農業的土地利用がされている土地を、田園都市会社が購入して地主となる。この際の土地取得価格は、農地としての地価である。この農地を購入する費用は、年利率四パーセントで三〇年償還の利付債券（社債）を募集販売して調達した。その社債で集めた資金で更地を購入して、その後、農地は都市的土地に仕立てて、その宅地を都市的地代で借地提供することになった。

この地代は、当初の農地取得費用を調達するための利付債券の償還元利と、宅地利用のための使用料とで構成される。宅地の地代は、農業的土地利用による地代の四〇〇〇〜五〇〇〇倍以上の高い地代を徴収しても、居住者の住宅費負担能力の範囲で十分支払えるもので、地主である田園都市会社の収益採算は成り立った。特に、利付債券の支払いが完了した後では、その償還元利相当分の費用は、田園都市会社の収益となって、ガーデシティの内容充実にあてることができるという構想であった。

グリーンベルトの経済的目的

ハワードのガーデンシティには、都市の無秩序な膨張を阻止するため、ガーデンシティの周囲にはグリーンベルトを設けることが提案されている。しかし、このグリーンベルトについては、その後のニュータウン開発において、都市の社会経済的活動規模、能力を人為的に拘束し過ぎるため、グリーンベルトは、特にそこに立地した産業の拡張を妨害（制限）し、産業自体の存在の基礎を失わせるもになるという批判もされるようになった。

英国の最も新しいニュータウン、ミルトンケインズは、グリーンベルトが都市成長を拘束し、発展の限界がある町をつくることになるという批判の上に、グリッドパターンによるステージコンストラクションの手法を用いて、社会経済的環境変化に対応して、成長し続けることができる町をつくろうとしていた。この批判は、英国の戦後経済の停滞批判の影響を色濃く受けたものである。

ハワードの田園都市理論に立ち返って、グリーンベルトを見直してみると、都市の膨張を制限するという視点は、むしろガーデンシティ自体の都市経営の視点から提起されていると考えられる。すなわち、農地を都市的土地利用に転換して、そこで農地地代の数千倍以上の地代を、地主である田園都市会社が排他独占的に手に入れるためには、都市的土地利用のできる区域を、農業的土地利用しかできないところと明確に区画する必要があったのである。もし、グリーンベルトによって、都市的土地利用をすることができる区域が制限されることがなかったら、ガーデンシティにおいて、都市的土地利用に対する地代として、農業地代の数千倍を超える地代を確実に手にすることは不可能であった。グリーンベルトは、日本の市街化区域と市街化調整区域との間に設計された線引きによる経済効果と、基本的に同じ効用を期待したものである。

結果的に生まれたヒューマンネットワークのある町

ガーデンシティが取り組まれた一九〇〇年は、自動車はまだ生活の足として社会に登場していなかった。町づくりは、基本的に徒歩で往来することを前提につくられ、徒歩圏の中でより多くの人々と接することができるとともに、宅地造成費用として最も費用の掛かる道路建設費の各宅地負担分を最小限にすることが、土地開発の基本計画技術となっていた。

ガーデンシティにおける標準宅地は、間口二〇フィート（六メートル）、奥行一〇〇〜一三〇フィート（三〇〜四〇メートル）という「うなぎの寝床」である。前面道路と、それとは別にサービス道路が宅地の背割りにバックアレー（裏通り）として設けられ、馬車やゴミの出入りに使われた。この相隣関係の密な住宅地は、相互の生活に理解と思いやりをもたない限り、平穏な生活を望めないものであった。この相隣関係は結果的に、コミュニティヒューマンネットワークを育て、懐かしい安全な町をつくっていたのである。

ウォルトディズニーがフロリダ州オーランドで取り組んだ二〇世紀末のエポックメイキングなニュータウン、セレブレイションは、ガーデンシティ理論を踏襲し、都市的土地利用を制限するグリーンベルトをゴルフ場として造っている。

セレブレイションの住宅地開発は、ガーデンシティが実現できなかった都市のアメニティを、最初の入居者にも、最終的に熟成した都市に最後に移り住んだ生活者と同様に享受できるようにする方法を見事に実現するなど、多くの点で、英国のガーデンシティとは相違していたが、完成した住宅地として目標に掲げているものは、恒久的に人々が住みたいと思う売り手市場としての住宅を供給することができるサスティナブルコミュニティである。

そして、グリーンベルトが、生活圏形成上の一つのヒューマンネットワークとして、コミュニティ形成に重要な役割を担っているのである。人々の日常生活圏は、グリーンベルトで囲われた空間の中で、顔見知りの人々が徒歩圏で往来しあう町としてつくられており、それが現代の米国人の高い支持を受けているのである。

五章 借地権

1――借地の経済理論

資本主義の情報公開

カール・マルクスが著した『資本論』について、日本の多くの人々は、誤解している。マルクスは『資本論』で資本主義の経済の仕組みを三部構成で明らかにした。第一部、資本の生産過程、第二部、資本の流通過程、第三部、資本的生産の総過程は、資本主義の基本となる商品の性格を明らかにした。資本がどのように形成され、それが拡大再生産され、資本家および地主に対してどのように利潤が配分されていくかを科学的に明らかにした。

『資本論』は、労働によってしか価値が創造することはできないというアダム・スミスの『国富論』の中で明らかにされた経済理論「労働価値説」を使って、商品の生活活動により剰余価値（粗利）が生まれるメカニズムを科学的に明らかにした。剰余価値の実現を可能にするものが、マルクスによる「労働力の二面性」の発見である。資本はその流通過程で自己増殖することや、その後、シュンペーターが技術革新論で明らかにした理論の基礎となる「特別剰余価値が生まれ、増殖するメカニズム」を「資本論」は明らかにしている。

そして、第三部の中では、資本が手に入れた利潤が、地代という形をとって地主が配分にくみすることになるメカニズムを明らかにしている。地主にとって、賃貸借の対象にならない「地代を生み出せない土地」は、資本が手にする利潤の分配に与ることができないという意味で、粗大ゴミであることを明らかにしている。実は、地代を生まない土地は、税およびその他の管理費用が課せられるので、負（ゴミ処理代金が必要となる）の資産である、という土地の商品との相違を明らかにしている。

絶対地代と差額地代

地代を手にすることのできる土地の中で、同じ農地でも、収穫を拡大するため土地改良事業を施せば、収穫の改良された分に対応して、より高い地代を手にすることができる。地代の支払いを受けられる土地の中で、利用できる限界の土地でも保障される地代を絶対地代といい、土地改良したことで得られるよる優位の地代を差額地代という。病院ベッドの差額ベッドと同じ意味である。

農地を住宅地という都市的土地利用に変換すれば、消費者の家計支出の中で、住宅費負担能力で支払うことができる家賃の構成部分としての住宅地地代を手に入れることができる。住宅地地代で、住宅需要として利用される限界の土地において支払われる地代が、住宅地としての絶対地代であり、その土地より、宅地として優れた環境が整備されたものは、それだけ高い地代（差額地代）を手に入れることができることを現実の地代構成の事例から明らかにしている。「資本論」に中に登場する地代論は、必要な読み替えをすることで、そのまま都市的土地利用の地代論として活用することができる。

ハワードによるガーデンシティの開発は、まずガーデンシティ会社が農地を取得し、その土地を都市的土地利用に仕立て直し、農業地代の五〇〇〇倍近い差額地代を得て、経営しようとした。つまり、ガーデンシティ会社は、都市経営主体であると同時に、地主として利益を手に入れることとしたものである。

ガーデンシティの経営では、ガーデンシティ会社が、住宅地の効用を高め、高い差額地代を手に入れる方法として、住宅地としてのデザインを、アングロ・サクソンの帰属意識を感じることのできる中世ドイツ小都市のピクチャレスクなデザインとし、機能としては、ガーデンシティでの日常生活を自己完結型のライフスタイルと、ロンドンと往来できる交通の利便が享受できるようにした。住宅地の性能としては、交通や洪水の対し安全で、人々の協同によるヒューマンネットワークで自衛できる安全な町という効用の高い町を実現している。これにより、高い差額地代の確保を図ることにしたのである。住宅地の効用を高めるための住宅地計画こそ、差額地代を手に入れるための重要な取組みなのである。

2——借地権とその更改

借地権と土地利用

土地を借地利用する場合、地主と借地人との間で借地契約が締結される。借地契約には当然、借地条件として、地代のほか、借地期間、宅地の利用の範囲や管理するべき内容について、地主と借地人との間で定めるべきことになる。契約当事者間の関係は、基本的に双務対等で、自由と正義が守られた中での契約自由の原則の下で契約は締結される。

日本では統制経済時代の歪んだ土地賃貸借が、半世紀以上にわたり継続していたため、不当な統制によってつくられた賃貸借関係が、借地人の既得権を強化して、地代まで不当に押さえられてきている。借地借家法の改正で、定期借地権制度が生まれたが、既得権保護を理由に、既存の借地関係に法律は遡及適用されない。しかし、法の下での平等の原則に立った場合、既得権が無期限に保護されることは不当である。

日本で統制経済による皺寄せを地主側に強いてきた結果、地主の心理に「羹《あつもの》に懲りて膾《なます》を吹く」の諺のように、「いったん、借地させた土地は、借地人にすべての利益を奪い取られて、帰ってこない」と間違って考えてしまい、「借地させない」ことを原則にするべきだとの考えにとらわれている。仮に借地させても、期限を定めて、その期限満了日には、必ず更地として地主に返還させる担保を求めるようになっている。その内容を直接反映したものが借地借家法による定期借地権制度である。すなわち、立法趣旨説明によれば、借地期限の満了時には、借地人は更地にして土地を地主に返還することを、原則に定めている。この考え方は、基本的に間違っていて、非現実的で実行の現実的担保はない。

都市の土地利用は、基本的に社会的な空間利用として定められるものであって、所有権の自由として決められるものではない。そのため、都市計画は都市計画決定という社会的（公法的）手続きによって決定され、その変更についても社会的規制を免れることはできない。

住宅地としての土地利用についても、都市区域の広がりや、都市の開発密度という空間必要量だけではなく、上下水道、道路、公園等の公共施設や、学校、官公庁、社会福祉施設のような公共施設、病院やショッピングセンターなどの共益利便施設との関係によって、土地利用のされ方は変わる。各宅地の利用は、都市の社会的な営みと不可分の関係にあることから、住宅地の利用内容についても、社会的規制を受けることになる。

都市計画の立場に立って考えた場合、住宅地の利用のされ方は、定期借地権の借地契約期間によって左右されるものではない。借地契約による契約期間は、その契約の満了をもって、それまでの賃貸借条件は満了しても、契約の当事者である地主が契約の解除を希望しても、借地人が契約の継続を希望した場合、そこで双方の協議が必要であり、一方的に追い出せると考えることは適当ではない。少なくとも、その土地は都市計画で定められた土地利用以外の土地利用は社会的に求められておらず、仮に借地人を追い出すことができても、そこに建つ建物の内容を都市計画で定めたもの以外にすることはできない。

借地期間満了時の借地契約の更改

極端な例になるかもしれないが、連続住宅として建設された中の中間一戸の住宅について、定期借地権満了を理由に明け渡しおよび土地の更地化を求め、残りの住戸に対し借地契約の更新をすることも、借地借家法上では可能である。しかし、この契約内容の実施に対し、明け渡しを求められた借地人が反対した場合、民事訴訟を経て、裁判所がそれを適正であると認めないかぎり、実行を強行することはできない。物理的にも、連続住宅の中間一戸に限って取り壊しを求める行為の社会的合理性は大いに疑問である。

借地借家法は民法の特別法であって、あくまでも私法としての社会的合理性を前提にした運用しか期待することができないと考えるべきである。連続住宅そのものが町並み景観としての合理性を具備している場合、その取り壊しを要求すること自体、不当であるとされるに相違ない。借地権の継続は、借地契約期間満了後、いかにするかについては、双方協議で決められるべきもので、社会関係を無視して、契約を盾に契約当事者の一方的主張が通るものではない。

少なくとも、建築物は、借地人の所有権に属するもので、借地契約が満了した場合、その建築物は、都市計画上、適正なものであり、存続することが都市計画的にみて適当であるとした場合、従前の借地権者が合理的な理由を有し、借地契約の更新を求めた場合は、それは尊重されなければならない。また、借地権更新を認めない正当事由がある場合には、その後の土地利用として、同じ建築物の存置が認められる場合には、地主または次の借地権者に対し、その住宅は正当な損失補償費用を支払って譲渡されるべきである。

現在、定期借地権の上に建設された鉄筋コンクリート造共同住宅について、五〇年の定期借地権であるため、五〇年後にはその共同住宅の取り壊し費用の積立てまでやっているという事例が現実にある。「香港が英国から、九九年の定期借地で借りた土地を、中国は更地にして戻せと言っただろうか」。現行の日本の定期借地権付き住宅地開発は異常であり、早急に軌道修正されなければならない。

六章　借地による住宅地開発

1――地主、デベロッパー、ビルダー

開発全体の計画者、管理者、デベロッパー

定期借地権による住宅地開発を実施する場合、関係する三者、地主、開発事業者および住宅建設業者の立場と役割を正しく認識しておかなければならない。ここで、区分した地主、デベロッパー（住宅地開発業者）、ビルダー（住宅建設業者）の業務は兼ねることも可能である。しかし、地主は必ずしもデベロッパーやビルダーとして有能な能力を具備しているわけではないことに十分留意し、「餅屋は餅屋」に任せ、地主は地代を確実に最大限手に入れることに集中すべきである。

地主は、もっぱら地代を確実に手に入れる者で、単に、土地を保有していたり、自営の仕事のために自分の土地を使っている者は含まれない。地主はあくまでも土地を賃貸借に供して、それにより、地代という利益をあげている者である。地主は所有する土地が、農地、または住宅地のいずれの場合でも、また地主が素地のまま借地人に提供して、素地に対する地代とするか、地主として一

定の造成工事まで行って、差額地代を手に入れるかについては、地主とデベロッパー双方の折衝によって決められることになる。

デベロッパーは、住宅地開発および経営主体として、住宅地をマスタープラン（基本的土地利用計画図）に基づき開発し、その土地をデベロッパーの設定したアーキテクチュラルガイドライン*に従って、ビルダーの住宅建設および販売業務のできる状態にする役割を担う。

デベロッパーは、地主と代理人契約を結び、地主に代わって持家取得者との間で借地契約を結び、借地契約の中でアーキテクチュラルガイドラインを住宅地の維持管理規定として定める。デベロッパーは地主との代理人契約の中で、各持家主との借地契約の代理人としての役割とあわせて、住宅地内の共有地（コモン）の維持管理と、地代および共役費の徴収ならびに予算執行の業務を行うことを定める。

*アーキテクチュラルガイドラインは、デベロッパーがその開発地で、住宅建設をするビルダーや消費者（居住者）に対し、建築物の位置（外壁位置）、形態（壁面後退、最高高さ）などフィジカル（物理的形態）規制と、建築物の建築意匠的要素（様式・装飾、色彩）規制との二つの側面から行う建築のルールで、開発段階ではデベロッパーが管理し、開発後は地主が定期借地条件とするが、持地持家の場合には、ＨＯＡの管理規準となる。

ビルダーの役割

ビルダーは、デベロッパーの定めた住宅地開発のマスタープランおよびアーキテクチュラルガイドラインに従って、デベロッパーとの間で締結した借地権付き住宅を建設することができる土地で、その販売および建設を行う。ビルダーとデベロッパーとの間では、借地権付き住宅の販売および建設の実施方法と、計画どおりに入居者が得られなかった場合の責任分担について定める。通常、一定の期間内に住宅販売できなかった場合の地代支払い義務も定めることになる。住宅の建設および販売は、もっぱらビルダーの責任の下に行われ、建売りとすることも、貸し建て（借地決定後、住宅の設計内容を定める）のいずれで実施しても支障ない。

ビルダーが建築主を得て、住宅を建設する場合には、デベロッパーの定めたマスタープランおよびアーキテクチュラルガイドラインに適合していることについて、デベロッパーによる審査を受けることになる。これは、住宅地経営全体として、デベロッパーが地主との間で定めた町づくりのハード技術およびコミュニティ経営というソフト技術の範囲で、ビルダーの住宅建設・販売業務が行われなければならないと考えられているためである。

ビルダーが住宅建設を完了して、建築主に住宅の引渡しが完了した段階で、地主の代理人であるビルダーとの間で、借地契約が締結されることになる。ビルダーと住宅所有者（建築主）との関係は、住宅の引渡しによっていったん清算されるが、事実上は、瑕疵保証や住宅の維持管理・修繕業務契約を締結するなど、半永久的な顧客管理関係（カスタマーリレイション）が続くことになる。

デベロッパーを代理人とする地主との借地契約においては、できるならば、住宅について抵当権を設定し、地代の返済不能事故が発生した場合は、抵当権を実行できるようにすることが望ましい。通常、住宅ローンを組んで住宅建設がされる場合、住宅ローンを与える住宅金融機関が抵当権（一位）を押さえることになるので、抵当権順位は二位になる。または抵当権について、地主が第一順位、金融機関が第二順位とし、地主が住宅ローンの債務保証を行うことも考えられる。

地主は借地権者の持家の第三者への譲渡について、できれば特定の宅地建物取引業者を定め、その業者に対し、この住宅地の住宅の取引きを排他独占的に実施させることが望ましい。TND（伝統的近隣住区開発）の最初の事例シーサイド（フロリダ州）では、このような方法で、専属の宅地建物取引業者をデベロッパーの子会社として設立したうえ、そこでは事実上「販売価格保証買い取り制度」を用意して販売した。その結果は、販売を促進することになっただけではなく、不動産全体の市場価格を年々高める結果を生み出した。

住宅建設業者の建設する住宅が、デベロッパーの開発計画どおりのものであれば、デベロッパーの設定した宅地建物取引業者は「販売価格保証買い取り権付き住宅」として販売してもリスクはないはずである。

2——開発資金・建設資金

グレーフィールド（遊休地）・ブラウンフィールド（工場跡地）の開発

現在、日本で考えられる住宅地開発は、人口の社会移動の激しかった高度経済成長時代の大量供給を必要とする環境に対応するものではない。英国のチャールズ皇太子がアーバンビレッジ運動として進めている内容も、都市周辺の未開発地（グリーンフィールド）の開発は、都市環境保存のため行わず、都市の内部や周辺部の蚕食地や土地利用転換の必要な土地や空閑地・遊休地（グレーフィールド・ブラウンフィールド）の開発（インフィル事業）を行うべきであることを指摘している。同様のことは、ＴＮＤの主唱者であるＤＰＺが、ニューアーバニズムに代えて新しく「トランセクト」という概念を支持している。つまり、都市の中のグレーフィールド・ブラウンフィールドの開発をてこに、都市を、徒歩での生活圏の有機的組合せに再編成しようとする考え方である。わが国の場合も、都市移動は基本的に完了し、これからは熟成した都市の建設に向けて、グレーフィールド・ブラウンフィールドの開発を通して、住民の生活本位（徒歩圏ごとにグルーピングされた近隣住区の集合体）の町づくりの都市の内部構造を変えていくべき時期にきている。

住宅地の開発としては、従前の住宅地開発にみられる大規模大造成宅地開発による雛壇造成型量産宅地供給は必要なくなっている。むしろ、既存の土地の形状（原形地形）を尊重して、特に敷地の高低差や立木などを基本的にそのまま生かして、土木工事を最小限にするような開発が求められている。自然の斜面を利用した住宅は、屋内階段によって、自然地形の面白さを生かし、かつ安価に環境と調和した住宅を造ることができる。見苦しい擁壁によって景観が害される必要はない。

日本では、開発許可制度が建設工事の前置されるべき事業として位置付けられ、宅地造成が完成してから、建築計画によっては、改めてその宅地擁壁を壊したり、敷地を掘削して地下室を造るといった無駄な工事が行われてきた。おそらく、これからのグレーフィールド・ブラウンフィールドの開発には、これまでのような開発許可は必要なくなり、建築基準法による一団地の開発か、または計画上はマスタープランをもちながら、実際の開発は建築基準法第四二条第一項第五号の道の規定による位置指定道路だけで十分な開発になる。

鍵を握る資金とその担保価値

最大の問題は、抵当金融を受けられ、資産価値のある開発であることを金融機関が評価し、抵当金融を実施するとともに、工事中の建築に対し、工事中の建築部分に建設先取特権を設定することで、建設金融を実施できるようにすることである。欧米では、不動産鑑定評価（アプレイザル）で借地権付き住宅に対しては、地主の資産形成・管理の視点と、持家所有者の資産形成・管理の視点とが、同一方向で資産価値の維持向上に向けられていると判断され、抵当金融および建設金融の対象とされてきた。

借地借家法それ自体は、民法の特別法であって、同法で定めている以上に合理的な内容を契約当事者の間で、契約自由の原則の下に締結することを否定するものではない。つまり、地主は土地を自ら利用する者ではなく、土地を賃貸して地代という利益を得る者であり、かつ、その土地利用は、都市計画の中で社会的に決められるものである。

地主の土地利用は、都市計画の枠内で実施され、それに従うことが、金融機関の目で見た場合でも、都市的資産価値の蓄積になることを理解したうえで、定期借地期間満了時の契約更改を考える必要がある。

定期借地権の契約期間満了時には、建築物の除去、または移転が前提になるといった非常識な住宅の取扱いをしたり、土地利用が不安定な土地に対しては、その近隣土地も含んで、不動産の資産価値は、環境の変化に常に脅かされなければならないため、不動産鑑定評価は低くされ、担保価値も低くなる。日本の定期借地権に対する立法趣旨および有権解釈として説明されているものは、きわめて反社会的で資産形成に逆行するものである。

欧米、なかでも英国のガーデンシティの例に倣って、資産形成となる住宅地を確実にする方法を地主、デベロッパー、ビルダー、持家所有者の間でしっかり契約し合うことによって、抵当金融や建設金融を実施する金融機関によって十分安心のできる事業とすることは可能である。この事業の実現には、金融問題が大きな鍵を握っているのである。

3―サスティナブルハウス

注文住宅/住文化からの選択

欧米豪の住宅先進国に出かけてみると、住宅地の町並みは美しく、そこに建っている住宅は懐かしさを感じさせてくれる。その理由は、住宅地のデザインにも、住宅のデザインにも、歴史の中で安定した評価の定まったクラシックデザインが軸になっているからである。

住宅地は、街区や通りごとに、それぞれ敷地をまたがった広がりでの空間デザインがされていて、人々には各街区や通りごとの個性を評価して、高い帰属意識を抱かせるような設計がされている。それでいて、個々の住宅をよく見ると、一戸ごとに個性をもたせた特色がある。集団として共通なデザインをもちながら、その中の個々の住宅には、それぞれの個性があるように造られている。

これらの住宅地の建設中の現場に足を踏み入れて、各ビルダーのインフォメーションセンターに立ち寄ると、各ビルダーの取り扱う宅地に建てられるデザインのオルタナティブのモデルが用意してあって、消費者はそのモデルやメニューの中から、自らの嗜好やライフスタイルや性能要求に合致したものを自由に選択できるようになっている。このインフォメーションセンターで提供しているものは、過去の人類の開発してきた住文化の中で、デベロッパーがこの住宅地に居住してほしいと考えている顧客のライフスタイルやデザイン嗜好に対応できるものをあらかじめ用意して、消費者はそれらの中から自由に選択できるようにしているのである。

これらの住宅をよく見ると、その本体部分の構造は、基本的に矩形、または正方形平面の立体（直方体または立方体）で、それにリビングポーチ、屋根、袖棟などにデザイン的特性を担わせたものがほとんどである。その理由は、住宅は基本的に個人の家計支出で負担可能な範囲でしか取得できないことから、住宅デザインは一部の邸宅（豪邸）を除けば、単純で美しく（シンプルアンドビューティフル）造られることになる。このように造られた住宅は、ライフスタイルの変化に対して、フレキシブルに対応する屋内空間を提供することになる。

高生産性実現の演習プロジェクト

また、単純で美しい住宅は、単純化とリズムのある繰り返しのデザインであることから、結果的に、ムリ・ムラ・ムダを排除した高生産性を実現する住宅建設を可能にしている。特定非営利活動法人住宅生産性研究会は、この欧米豪の先進的事例に学び、戦後の米国住宅産業の礎となったレビットハウスの考え方（合板ダイアフラム理論）と、全米ホームビルダー協会（NAHB）およびカナダ住宅抵当金融公社（CMHC）が取り組んできたコンストラクションマネジメントの技術、フレキシブルハウジングとヘルシーハウジングの技術を、日本の住宅建設業者に応用できるようにした、サスティナブルハウスプロジェクトを実施してきた。このプロジェクトは、建設業経営管理能力が低い日本の住宅建設業者においても、高い生産性を実現するようにする教育演習プロジェクトである。

サスティナブルハウスは、注文住宅を高生産性の下で実現するもので、これまで全国各地の中小零細な住宅建設業者の手で取り組まれてきた。このサスティナブルハウスに初めて本格的に取り組んだ茨城県牛久市のウイングホーム（社長板東敏男）は、夫婦と従業員三人の小規模な住宅建設業者であるが、三八坪で、床下に一七坪の床下収納空間を持つ2×4工法による住宅で、高気密、高断熱、次世代省エネ基準に適合し、中央制御方式の暖房および換気付き住宅を一〇〇〇万円で建設、一四〇〇万円で販売し、純利一〇パーセントを獲得している。同社は、一戸平均二カ月弱で、建設、竣工展示、集客、制約のサイクルで、年間サスティナブルハウスを五戸建設した。この住宅に対して、日経アーキテクチュア誌の「二〇〇〇年の読者の選んだ住宅」三六候補中、第六位に選ばれた。それは消費者の支払い能力に適合した資産形成となる住宅を建設したという実績が評価されたのである。

4―資産価値が増大する借地権開発

五〇年後の需要の確保、抵当権評価の基本

住宅生産性研究会がサスティナブルコミュニティ開発として、借地権付き持家建設による住宅地開発を推進している理由として二つの目標がある。第一は、消費者の家計支出に皺寄せを与えないで、持家取得ができるように、年収の三倍の費用で住宅を持てるようにすることであり、第二は、その住宅の不動産評価価格が年々高まり、米国のように個人資産形成の四〇パーセントを占めるようにすることである。

米国の住宅が日本の住宅産業のこれからの目標になれる理由は、住宅金融が抵当金融制度という枠組みの中で、市場競争原理を生かして取り組まれていることに尽きる。抵当金融は、融資対象物件の不動産価値が、住宅ローンの融資期間においても、抵当権として評価されている価値を維持することが前提になっている。つまり、融資時点から三〇年以上経過した時点でも、住宅市場で高い需要があり、抵当権評価額以上で確実に取引されるものでなければならないことを意味している。

わが国では、地主の宅地管理費や相続問題に対して、税負担を少なくすることで資産保全を図ることが、定期借地権による土地利用やアパート経営を勧めるセミナー、相談会が実施されている。

多額の定期借地権保証料を集め、さらに、収益性を高めるために、できるだけ多数の住宅を詰め込んだ開発が進められている。

これらの開発は、明らかに現在の貧しい住宅および住宅地環境を前提にして、当面は入居者が得られるため、高い採算があげられるとするものであり、将来二〇年後、五〇年後、一〇〇年後も人々を惹きつけることができる町になっているかといえば、大いに疑問である。

住宅地としての五〇年後の環境担保

借地権による開発は、英国の大地主による都市での住宅地経営や、ハワードによるガーデンシティの経験から明らかなように、地主にとって「金の成る木」を育てることで、結果的に資産形成のできる町を実現してきた。

日本の持地持家型開発は、その住宅地全体の資産価値に対して一元的に責任をもって管理する主体が、米国のＨＯＡのような形で存在しないため、住宅地は無政府状態になり、建設当時は資産価値のある町としてつくられた町が崩壊していっている。米国のＨＯＡに相当するものを現在の日本ですぐ実現することは困難である。しかし、地主が自らの資産に執着し、住宅地の資産価値上昇に努めることになれば、それは個人持家主の財産形成意欲と呼応して、資産形成を可能にする開発を可能にする。

住宅に対する抵当金融の基本は、融資対象物件そのものの資産価値が、確実に維持または上昇できるかに集約されると言ってよい。一〇〇年前後においても、人々が住みたくなる住宅および住宅地であれば、その住宅はその時代の推定再建築費として評価される。住宅という資産は物価変動に連動するため、物価上昇分必ず住宅の価値は増殖する。

住宅および住宅地は、デザイン、機能、性能がしっかりしているかぎり、何年経っても、その効用は消費者の要求に応え、高い満足を与えることができる。使用されている材料はすべて、物理的寿命をもっているため、適正な維持管理、修繕さえしていけば、効用は維持され、その不動産評価についても、物価上昇分は確実に上昇する資産形成住宅になるのである。

住宅地の価値評価に影響する地価動向

抵当金融は少なくとも、住宅ローン期間が満了するまでの間にわたって、その住宅が維持することができる価値を評価して金融を実施するものである。現在の日本では、確実に土地余りが拡大し、地価は今後確実に下落する。世帯年収を七〇〇万円と仮定して、その二・五倍で八〇パーセントの住宅ローン額とすると、700万円×2.5÷0.8＝2,188万円が取得する住宅価格になる。

欧米の都市周辺郊外での戸建住宅では、その販売価格の高くて約四分の一が土地代の上限である。この比率を採用すると、日本のこの事例では、土地代は一戸当たり五五七万円になる。戸当たり八〇坪程度の土地が必要であるとすれば、坪当たり約七万円が都市の郊外住宅地の地価になる。これは、住宅費は家計支出で支払われているという欧米豪の社会での考え方に照らした適正な住宅費負担の住宅が供給されたときの地価の想定である。

日本で供給されているこれに相当する地価は三〇万円程度で、だいたい四倍以上高い水準である。つまり、日本の住宅地の地価は、欧米並みの国民の住宅費負担になるためには、現在の四分の一程度にまで下落せざるを得ないということである。これは、仮に将来の日本の地価レベルが現在の四分の一にまで下落するとするならば、その下落したレベルを前提にした住宅開発地に相当したゆとりのある開発以外、現在の不動産評価価値を持続することはできないということである。

それまでの都市計画上の土地利用の過程として、住宅と商業・業務、工業用途の混合や、シングルファミリーとマルチファミリーの土地利用を都市計画上で整備されることが必要となる。住宅用地価が下がっても、商業・業務および工業用の土地の地価は、住宅地地価のように下落するわけではないし、引き下げる必要もない。収益採算がとれる地価であればよい。地価下落の過程で、高地価を前提に開発された住宅は、ゆとりがない開発であるため、その高密度開発環境が人々から支持されず、市場から脱落するか、または急激な値崩れを起こし、不良資産化することは必至である。少なくとも、三〇年~五〇年先の時代にあっても、人々の需要で支持される住宅でないかぎり、国民の資産形成にならないことは明白である。

Ⅱ

定期借地権付き住宅地開発による不動産経営の提案

七章　地主・住宅需要者の要求と定期借地権付き住宅地開発
——三〇〇坪の土地経営

1——税理士の視点から見た近郊農家の土地管理（事例一）

地主と一口に言っても、日本全国に多数あり、そのおかれた環境や状況は多種多様である。本章は、埼玉県さいたま市の、ある地主に対し税理士である筆者が取り組んだ、定期借地権付き住宅地開発事業の事例から学んだ土地経営の教訓である。

地主である農家の状況

本事例の地主は、浦和駅からバスで二〇分内の郊外に、約三〇〇〇坪の宅地をもつ農家である。家族構成は、七〇歳代の老夫婦と四〇歳代の息子夫婦と二人の孫の合計六人である。農業経営に携わる老夫婦は、自分達で食べる野菜ぐらいしか作っておらず、息子は会社に勤めるサラリーマンで、妻は子育て中の専業主婦という、都市近郊の一般的な農家世帯である。

三世代で構成されるこの地主世帯の生活は、息子の給与所得で賄われている。一方、家計支出としては、毎年三〇〇〇坪の宅地に対して、固定資産税三〇〇万円の納付書が送られてくるが、この固定資産税は息子の給与では払いきれない。本事業が実施される前までは、二年ごとに五〇坪程度の土地を売却して、所得税を支払わざるを得ない状態であった。地主は税金支払いのために、その所有する土地を譲渡し、譲渡所得税を課せられた残りで固定資産税を払ってきた。売却地には住宅が建設され、結果的に地主の自宅の周辺は宅地化されていった。そして、本事業着手前に残っていた宅地は、自宅の周りの三〇〇〇坪だけになってしまっていた。

立地条件と土地収益環境

この土地は郊外にあり、持家中心の住宅地化された土地である。若年単身者と新婚者相手のアパートでは、入居者が得られない立地でもある。仮に、入居者が得られたとしても、家賃負担能力の低い住民の住む土地柄で、賃貸住宅を経営するには採算が合わない。この立地はまた、駐車場としても需要が少なく、採算は成り立たない。したがって、この土地から収益を得るには、農作物を作るしか選択の余地がなかった。それ以外の選択は、土地を売却することである。

仮に、農作物を生産しても、収益は米作りをしたとしても、三〇〇坪つまり一反で六俵か七俵しかとれない。一年で一俵一万五〇〇〇円として九万円にしかならない。この場合、肥料代と農機具代で、一反で約九万円掛かるため、農作業用の労賃分はマイナス（超過）になる。農地の固定資産税はゼロに近い額とされているが、相続税は更地地価を対象に課税されるため、税負担分を農業収入によって償うことはできず、相続税分は確実に所有する土地を減らすことになる。

地主の土地執着の背景と対応策

しかし、祖先が累々と開拓して、三〇〇年も維持してきた土地は、先祖代々の汗が土にしみ込んでいる土地で、持てるならば持っていたい。農家で現在、土地を相続している人にとって、その土地が単に相続しただけで、自分の代で生み出したものではないことが、自分の代での処分を躊躇させている。土地を持っているだけで課税され、税金を払うために土地を切り売りしなければならない。切り売りを続け、三代も経って気が付いてみれば、土地は税金のためにすべて持っていかれるのが、大多数の都市近郊農家の状況である。

筆者は、このような状況の農家に対して、税理士としてなんとか知恵はないものだろうか、と考えていた。定期借地権制度ができたので、これを利用して土地を維持する助けにならないかと考え、勉強し、シミュレーションをして検討した。以下が、検討作業の内容である。まずは農家の、土地の所有者からみたシミュレーションと、次に、土地の利用者となる消費者からみたシミュレーションである。

土地に対する税

本事例の土地経営基盤となる土地面積の合計は三〇〇〇坪で、農業収入は、米生産として年間六〜

七俵の収穫が限度とされ、収益はよくて一年で九万円である。一方、農地に対する固定資産税は0円である。

この農地の相続税の基礎となる地価は、路線価による価格で坪四五万円である。この土地を住宅用地とした場合の時価は、坪約五〇万円である。その場合の固定資産税は、年間約三〇万円になる。この住宅用地に住宅を建てると、固定資産税は借地権分は控除されて、更地の六分の一になり、都市計画税も同様の理由で、更地の場合の三分の一になる。税合計でみると、更地の場合の税金に比較して約五分の一ぐらいになる。すると、一反（三〇〇坪）では三〇万円の五分の一であるから、年間六万円になる。

つまり、住宅用に土地として貸した場合、年間六万円以上の地代をもらえば、固定資産税等の税負担は何とか補償されることになる。それ以上に地代をプラスできれば、地主はその分だけ土地収益をあげることができる。しかし、地主が世代を超えて、土地を保有し続けるためにには、これだけでは土地を維持できない。何故ならば、土地の財産相続の場合、必ず相続税が課税されるからである。

相続税

三〇〇坪の土地で住宅地経営を始めることになったこの地主は、実は、次章で取り扱う三〇〇〇坪の土地をを所有している農家でもある。本章では、この農家が三〇〇坪の土地所有として、相続税を検討する。

まず、一世代約三〇年で相続が起こると仮定した。現在の相続税を年間の負担分として計算すると、負担額が仮定できる。この仮定はあくまでも、現在の課税条件が一定とした場合の負担額を概算したものである。

定期借地権による住宅用地の相続税の対象となる土地の評価は、所有権から借地権の評価（国税局扱い四〇パーセント）を差し引いた底地比率（一－借地権比率）に路線価評価価格に乗じた価格、すなわち、路線価×六〇パーセントに対して課税額が算定される。坪45万円（路線価）×60％（1－借地比率）＝27万円（坪）と、坪当たり資産額が計算される。そのため、三〇〇坪（一反）では、27万円／坪×300坪＝8,100万円の相続資産と評価されるので、その額が課税対象価格になる。

本事例の農家所有地が、全体で三〇〇坪の土地を所有するため、税率は六〇パーセントの適用となり、税負担額は八一〇〇万円の相続資産に対して課税される。八一〇〇万円に対する相続税は、概算で四八〇〇万円となる。この額を三〇年（一世代）で積み立てると仮定すると、四八〇〇万円を三〇で割ると、年間当たり一六〇万円程度になる。

現在、当主は、七〇歳を超えているから、相続が三〇年後に起きると想定はできない。一般論として、三〇年に一度の相続税としての負担ぐらいを考慮できれば、相続税負担の年額負担は、三〇分の一と仮定することができる。そうすると、住宅に利用した場合、固定資産税および都市計画税の年間六万円に、相続税の年間一六〇万円が加算され、合計一六六万円になる。これを坪当たりで、166万円÷300坪＝5,533円 になる。

地代負担

もし、定期借地権による住宅の土地面積を、一戸当たり六〇坪と仮定すると、地主にとって採算分岐点となる地代は、固定資産税、都市計画税および相続税として負担する税額五五三三円の六〇倍、つまり、5,533円×60坪＝331,980円 になる。月割りにすると、331,980円÷12カ月＝27,665円になる。地主にとっては、月額地代二万七六六五円に多少の生活費のための費用を生む出すことができれば、土地を維持できる。現実には、計算どおりに三〇年ごとに相続できるとは限らないし、税金も変化するが、土地保有の目安にできる数値である。以上は税負担に耐えるために、地主の立場から見た最低限の地代を検討したものである。

次に全国の定期借地権の平均相場から検証すると、地代として徴収する額の算式として、およそ時価（五〇万円／坪）に対し、年二・二パーセントを乗じた額の地代が平均的数値であるといわれている。この土地の時価が五〇万円であるので、全借地権価格50万円×60坪×60％（一般借地権）＝1,800万円 それを一カ月平均にすると、1,800万円÷12カ月＝150万円 となる。月額税負担二万七六六五円は、27,665円÷150万円＝1.84％ になる。全国平均の二・二パーセントの地代であれば、地主には税負担のうえ、2.20％－1.84％=0.36％ の利益がもたらされる。つまり150万円×0.36＝5,400円 の収益があることになる。

以上の検討は、地主の立場で定期借地権を利用して土地を維持しておく場合の地代を具体的に試算したものである。

住宅価格と地代

次に、この数値が、住宅に利用する人にとって、受け入れられる数値なのかどうかを検討する。地主の計算が成り立っても、借地する相手側がのめない数値では、取引きは成立しない。

以下は、住宅取得者の視点からの検討である。

①土地の所有権を購入した場合

土地価格	50万円×60坪＝3,000万円（路線価は45万円／3.3m^2）
住宅価格	40坪レンガ外壁　40坪×75万円／坪＝3,000万円
合　計	6,000万円

②定期借地権で住宅を購入した場合（定期借地権保証料を一戸当たり一〇〇〇万円とした）

土地価格	定期借地権保証料　1,000万円
住宅価格	40坪レンガ外壁　40坪×75万円／坪＝3,000万円
合　計	4,000万円

ここでローンの計算（土地取得した場合）として、定期借地権利用の場合と毎月の支払い額とを比較する。いずれの場合も、自己資金として一〇〇〇万円を持っているという前提で比較する。

①土地の所有権を購入した場合の借入金の額

土地の購入資金の借入額　三〇〇〇万円

住宅の資金の借入額　三〇〇〇万円

土地および住宅資金借入額の合計　3,000万円（土地）＋3,000万円（住宅）－1,000万円（自己資金）

＝5,000万円

この金額を全額三〇年ローン、年利三パーセントで銀行から借りた場合、毎月の支払額は、元利均等償還とすれば、5,000万円×0.05102×1/12＝210,802円／月 になる。借入金の返済額を所得の二五パーセントとしても、210,802円÷25％＝843,208円／月（年収102万円）以上の収入がなければ、銀行は貸してくれない。年収約八二〇万円(月収六八万円)の住宅需要者であれば、最大で四〇〇〇万円の借入金以下のローンしか返済できないのが現実である。

②定期借地権の場合の借入金

この場合、土地については定期借地権保証料一〇〇〇万円とすると、

土　地	定期借地権保証料 1,000万円
住　宅	40坪レンガ外壁　40万円×75万円／坪　3,000万円
借入金の合計	1,000万円（土地）＋3,000万円（住宅）－1,000万円（自己資金）＝3,000万円

この借入金三〇〇〇万円を三〇年、年利三パーセントのローンとした場合、毎月の支払額は、3,000万円×0.05102×1/12＝126,481円 となる。

この事例の場合、地代が毎月二万五〇〇〇円と定めた。土地の借地権価格は、3000万円×60%＝1,800万円 である。地代は、25,000円×12÷1,800万円＝1.6% になる。したがって、地代と借入金返済合計の月額は、126,481円＋25,000円＝151,481円／月 となる。

この返済額の合計が月収の二五パーセント以内であるためには、住宅購入者の所得は、125,550円÷25%＝605,924円／月（7,271,088円／年）で、現在の日本の平均世帯年収七四〇万円で十分購入できるレベルの価格で住宅を提供できることになる。

① 土地取得の場合の毎月の住宅費	210,802円／月
② 定期借地権の場合の毎月の住宅費	151,481円／月
①と②の差額（月額）	59,321円／月

土地を取得か、借地か、そのどちらがよいかは、各人の選択の問題である。土地の所有にかかわらなければ、毎月の支払額が月当たり六万円少なくなり、借入金返済期間内の三〇年間では、毎月の住宅費の差額を無利子のタンス貯金としても、60,000円×12カ月×30年＝2,160万円 ほど現金の余裕が生じる。住宅購入者が、月六万円だけ消費に回すことができ、豊かに生活を送ることができる。

ただし、借入金の返済期間の三〇年以降は、持地の場合の返済額はゼロに対し、定期借地権の場合は、地代二万五〇〇〇円／月は借地が続くかぎり、支払い続けなければならない。二二六〇万円分を二万五〇〇〇円の地代で払い続けると、あと七二年分の地代になり、通算一〇二年分借地とすると負担は双方ほぼ同じになる。

住宅費負担

住宅取得者にとっては、毎月の住宅費負担能力が限られているため、月々の返済額を下げることが重大な関心事である。土地を住宅利用するその利用権だけの対価を、地代という形で支払うのであれば、負担可能な住宅費額で、大きな面積の土地を利用できることになることから、定期借地権付き住宅は、多くの消費者にとって、有益な方法になる。

定期借地権を利用して、借入金が三〇〇〇万円の場合と、持地として借入金が五〇〇〇万円の場合とでは、住宅費負担のリスク負担のしかたに大きな違いがある。つまり、前者は三〇年後にローンを払い終わっても、借地の場合は、地代を払い続けなければならないが、その負担額は毎月二万五〇〇〇円である。借入金の返済期間の間も少ない負担で済ませられるため、リスクが平準化される方法である。

経済社会的環境変化と定期借地権

現在の経済環境はデフレ不況である。リストラ、倒産、終身雇用と年功序列型賃金体系の崩壊、銀行のペイオフ、住宅金融公庫の段階的解体、銀行倒産が連日報道されるなか、住宅購入資金の借入は、貸す側も、借りる側も、その金額は確実に縮小していく。今後、自己資金の積立が必要になり、持家を購入することは簡単ではなくなる。反対にアパートや貸家には、多様で、大規模な住宅が供給され、住宅の規模や賃料として、幅広い住宅がラインアップされてくるであろう。

時代は、土地神話の時代とは一八〇度転換していく真っ最中である。土地は買うものではなく、借りるものという風潮が一般化するという根拠は、土地を購入するだけの資金を貯めることが困難になるためで、定期借地権保証料を取るという歪んだ定期借地権の運用が、土地経営として適正な地代による定期借地権という形で一層発展していくことになる。

2――埼玉県におけるその他の開発（事例二）

事業化までの背景

埼玉県の蕨市の、新宿に二〇分で行ける駅から徒歩一〇分の場所に、約一五〇〇坪を所有する地主の例である。そこは区画整理中で、二〇年経ってもその土地の仮換地の決定がされず、あと何年掛かるか見当もつかない状況にあった。何度も市役所に出かけ、「仮換地はいつごろになるのか」と聞いても拉致があかない。たまたま、道路計画予定の図面にそって換地指定される土地が、三五〇坪程度あるように考えられた。そこで「この土地にならば定期借地を実行できるのではないか」と役所に相談に行き、「なんとか土地利用をさせてくれ」と頼み、その土地を使用する承諾を得た。

現在の土地利用

当時の土地の状況は、青空駐車場として利用し、月額一台八〇〇〇円、四〇台に貸して、年間三八四万円になっている。他の空地や地主の自宅敷地を含めると、総額で年間四〇〇万円の固定資産税の請求を受けていた。駐車場の収入のすべてが税金の支払いに当てられているのである。これでは、ただ土地を無料で管理しているにすぎない。

この周辺はこのような月単位で駐車場に貸している青空駐車場が散在している。収入と固定資産税との差額があまりなく、経営的意味はないが、相続税を納めるために、更地で保有しているので、地主に、「土地を売って下さい」とお願いしても断られる。売却すれば譲渡所得税と県・市民税を取られる。残った金も、現金で持っていたらなくなってしまうから、土地を売らないのである。

土地所有者は、皆同じような理由で、固定資産税や相続税を納めるために、更地を所有している。仮に銀行から資金を借りて、アパートを建てて賃貸経営しても、それほど実入りがよいわけではない。建物の維持管理も費用が掛かるし、管理も世話が掛かるし、借家人に出てもらいたいときには居座られ、始末が悪い。相続税を納めるにも、アパートは物納が難しいので、更地で保有していれば、物納ができるし、管理も簡単である。

定期借地権付き土地経営

この地主から相談されたとき、なんとか定期借地権を利用できないかと考えた。利用できるのは三五〇坪だけである。駐車場の収入があるので、それに見合う企画を考えた。定期借地権の分譲だけでは、区画ができても最大で六区画しか取れず、収入不足になる。地代収入が、仮に毎月四万円としても、地代の総額は四万円掛ける六区画で二四万円である。月極め駐車場収入（三二万円）より下がってしまう。しかし、定期借地権にすれば、固定資産税等が約五分の一になり、税金の節約分が地主の利益になる。これだけではあまり魅力的な企画ではない。

そこで考えたのは、預かり定期借地権設定保証金でアパートを二棟建設したならば、銀行借入がなくて、家賃のすべてが収入になるので、よい採算が取れる。そこでの定期借地権分譲四棟を企画した。アパートも分譲住宅と同じような外観で、全体の調和がとれた町並みにした。アパートの一階と二階をリビングバルコニーにして、駐車場も付けた洒落たアパートの二軒長屋を建てることにした。四軒で家賃一一万円（月額）総額四四万円、プラス定期借地権の地代四区画分で一六万円、合計六〇万円（月額）、さらに、固定資産税の節約額が、およそ年間一〇〇万円になる。これならば更地にしていたときよりも、収入が二倍以上になる。

相続税の評価も四〇パーセント安くなり、地主にとって魅力ある開発になる。住みやすい美しい開発コンセプトを企画すれば、地価が高い駅周辺の土地についても、定期借地権事業に取り組むことができる見通しができた。

住宅販売の展開

相続対策のためには、借金も節税対策の手段になる。ただし、相続が終われば返済しなければならないので、そのための資金は確保しておきたいところである。いろいろ計算して、月額地代四・二万円、保証金一二〇〇万円、四区画六〇坪の区画、建物面積四〇坪、レンガ外壁、バーベキューもできる大型のウッドデッキの付いたかなりグレードの高い建物にして、駐車場は二台分を確保し、六メートル道路も付けることにした。そして、建物価格は三〇〇〇万円とした。住宅は建設中の状態で販売を開始した。

外構も完成し、一軒はすぐに売れたが、後がなかなか決まらなかった。若い人がこの住宅をとても気に入ってくれたのだが、保証金分の手持ち資金を貯めていない。なかには一五回も見に来て、どうしても手に入れたいが、自己資金は六〇〇万円しかないという熱心な人もいた。このような状況がしばらく続き、販売条件を再考することになった。

その理由は、われわれの計画対象層である四〇歳台の来訪が少ないための販売計画の見直しである。不況もリストラも深刻になってきており、景気回復の兆しが一向に見えない。さらに、都市銀行の定年が四九歳になり、他の大手電気メーカーも次々にリストラをするとか、大手建設ゼネコンは五〇円以下の株価の会社が続出している。このように、四〇歳台の働き盛りの人が、いつリストラされるのかヒヤヒヤしている状況では、将来不安のため大型の買い物は手控えざるを得ない。医療費は自己負担が多くなるし、年金ももらえなくなるのではないかというような不安の中で、将来の生活設計の図が見えない。

つまり、来場者の若い人の多くが、五〇〇万円程度しか積立がない場合が多いため、その状況に柔軟に対応できるようにした。まず、住宅価格の三〇〇〇万円に対し、住宅金融公庫ローンが二九五〇万円使える。次に、保証金一二〇〇万円に対し、現在、七〇〇万円しか用意できないが、年収として八〇〇万円以上ある場合には、残額の五〇〇万円を用意するための金融支援をする方法である。つまり、地主に支払う保証金の不足分五〇〇万円は、二〇年ローンまたは三〇年ローンで分割返済とし、その金利として三パーセントを支払うという条件である。その返済額は、毎月約二万七〇〇〇円で二〇年払いとなり、二〇年後には保証金が一二〇〇万円積み立てられることになる。この顧客の場合、年収一〇〇〇万円以上で、月額二〇万円以上の家賃のマンションに住んでいたこと

保証金	1,200万円	700万円　差額500万円は20年払い	月額　27,000円
住　宅	3,000万円	公庫ローン2,950万円で対応	月額 107,409円
地　代			月額　42,000円

から、この条件ならば負担可能ということで契約になった。

合計　毎月の支払い額　　合計一七万六四〇九円

年間の支払総額　　176,409円×12カ月＝2,116,908円

このように、条件に柔軟性をもたせて住宅の契約に臨んだところ、残りの二棟は十分現金があり、当初の条件で契約することができた。

地代と定期借地権保証料

今回の教訓により、次回の定期借地の企画では、販売に柔軟性をもたせることにして、今回の企画内容を見直すことにした。つまり、地代と保証金は、二律背反（トレードオフ）の関係にあることから、一時金として保証金をもらえば、その分の地代は差し引くことができる。毎月の地代を安く設定すれば、保証金は高額になり、逆に保証金を低く設定すれば、地代は高くなる。全体の利回りを、二パーセントを目途に設定できれば土地を維持管理できる。これらの計算の基礎となる地価は売買時価ではなく、税金の評価の基準である路線価を基準として計算している。

地価が下がったとはいえ、まだ路線価に比べ、取引価格が高めである。土地を売却すれば課税されるため、売却益として、地主が手にすることができる正味の現金は、売却価格の七四パーセントぐらいになる。土地を維持するための最大の維持管理コストは、固定資産税、都市計画税および相

続税であるから、その課税評価を基準に、保証金および地代を決定することが適切であると考えられる。

全体的には、その地代は、土地の取引価格に比べて安めになる。このほうが合理的である。合理的でなければ不満が生じトラブルの原因にもなる。地主としても、三〇〇坪の土地の地代だけで暮らしていけるわけではない。三〇〇坪の土地を何とか維持管理できるコスト分の地代を確保する程度である。定期借地権で土地を貸すということは、地主の生活時間として土地管理のための時間が不用になり、生業を持って暮らせる前提で土地の経営が考えられることである。

3——高い土地税負担(禍)を転じて資産価値のある住宅地(福)に

都市近郊農家

本章事例一で扱った都市近郊農家も、三〇〇年以上も同じように暮らして生きてきたのに、納税負担が急騰したため、それができなくなった。政府は徴税を強化しても、地主の生活について何の対応策も講じてはくれない。一部の都市近郊農家は、土地を売却した金を投資したり、実業家に転身する人など、土地成金がいろいろな形で登場することになった。しかし、自分たちは先祖の教えてくれたとおりにしか生きられないし、変わらないでこのままがよい、というような農家も多い。定期借地権を利用して、将来においても美しいと評価される住宅地造りをしようというアドバイスを受け入れてくれる人は、現段階では少ないのが現状である。

定期借地権利用の土地経営方法が、すべての人に当てはまるわけではないし、受け入れてくれる人も限られている。しかし、現在の日本には、美しい住宅コミュニティが数少ないことから、美しくデザインされた住宅地は、将来においても希少価値があると評価され、是非住みたいという人が後を絶たないに違いない。単体としての住宅だけではなく、責任をもって美しい町並みの環境を管理すれば、そこを評価し、憧れるようになるに相違ない。

すでに、住宅用地として高い地価評価を受けた農地で、米や野菜をつくっても、三〇〇坪で年間一〇万円も稼げない。その農地が、坪五〇万円ということ自体がおかしい。農業しかできない土地なら五〇万円出して買う人はいない。その土地に対して、農業的土地利用をしていても、五〇万円の地価で課税する国家の判断は間違っている。その土地は住宅に利用することで維持できるわけで、それが定期借地権であると直感したのである。定期借地権による土地開発を具体化するため、税理士である筆者は、住宅建設業者になり、定期借地権に取り組むことにしたのである。

住宅ローンと金融

日本では、住宅の中古価値は、買ったときから半値以下に下がっている。バブルのときは土地の値上がりだけで、土地付き住宅は値上がりした。バブル崩壊後、土地の価格は毎年下がっているにもかかわらず、現在でも土地の所有にこだわる人も多い。

地価が上昇しているときには、ローンの返済元本が少しも減っていないのに、地価が上昇した分、土地に含み益が発生するので、銀行は同じ土地担保で、さらに金を貸し付けていた。現在のように、地価が下がり続けているときは、反対に含み損が発生しているため、銀行は反対に、追加の担保を出してくれ、あるいは、息子やお嫁さんにも保証人になってくれと言う。税金だけではなく、土地を所有することがマイナスの資産になってしまっている。そして住宅の価値を、日本の銀行は、まったく評価の対象にしてはいない。銀行は新築から八年もすると、上物としての住宅の商取引上の価値はゼロで、逆に、壊す費用約一五〇万円掛かるのでマイナス資産として評価するようになる。

定期借地権は、土地よりも住宅と住宅環境に資産価値をおく土地利用の考え方なのである。

八章　定期借地権付き土地経営の発展形——三〇〇〇坪の土地経営

前章で取り扱った「三〇〇坪の都市型土地経営」の発展形として、本章では、「三〇〇〇坪の郊外型の土地経営」について、目下計画中のものについて実例をもとに説明する。

この事例は、住宅地開発を不動産経営者のやり方ではなく、地主の資産を守る立場の税理士として、筆者が郊外型の地主との二人三脚で、日本で初めての一〇〇年定期借地権付き住宅地開発に取り組んだ事例である。ここに紹介する地主は、事業を決断するまでは、どうすれば土地を有効に活用できるのか、本当に土地を取り上げられるのを防ぐことができるのか、という疑念のため、なかなか踏ん切りがつかなかった。この解決への道程こそ、定期借地権付き住宅地開発事業の取組みの指針となると思われる。

1——三〇〇〇坪の住宅地開発

この地主の土地は三〇〇〇坪あるが、その中には、地主の弟の土地を含み、かつ自宅の敷地を含めると四〇〇〇坪になる。それゆえ、建設住宅戸数は、第一期一二棟、第二期一九棟と開発を進め、全体で五〇棟の開発を予定している。

開発調査と事前協議

この地域は昔から、東京湾に面した入り江のほとりの高台で、遺跡が多く出土している。現在、一五〇坪以上の面積を開発する場合は、地主の負担で文化財の発掘調査が義務付けられる。もし、重要な文化遺跡が出土すれば、開発は頓挫する危険がある。実際、近隣の二〇〇〇坪の開発では、それに先立って行われた調査により、地主は文化財発掘調査のため、四〇〇〇万円支払わされた。本事例の場合、試掘調査では何も出ず、本格調査は行わずに済んだ。

当初、この土地の開発面積は二〇〇〇坪以上になるため、都市計画法に定める開発許可が必要といわれ、開発のための行政との事前協議も終了した。開発地のなかに造る道路は、市の指導に従って造り、完了後は無償で市に管理移管、すなわち、道路用地は採納しなければならないと指導された。それから建築確認の申請をして建設していくことになる。

筆者は、並木のあるレンガを敷いた美しい道路や進入路にはハンプをつくり、車もスピードが出せないようにしたいと考えていた。しかし、そのような道路は採納できないとのことであった。これでは日本の道路はいつまでたっても美しいものにはならないし、不条理なことだと感じていたので、専門家に話したところ、「都市計画法による開発行為としないで、建築基準法の位置指定道路にして、むろん地主の私道のまま、その位置指定道路にそって建築確認申請していけばいいのだ」と教えてくれた。また建築基準法では、筆者の思いを実現する方法として、そのほかに一団地で開発する方法もあることがわかった。

マスタープランとアーキテクチュラル・デザインガイドライン

そこで、われわれの理想を実現するために位置指定道路による開発を実行することにした。敷地全体をマスタープランと、この開発のためのアーキテクチュラル・デザインガイドライン、という二つのグランドデザインをカナダの設計者に依頼した。この成果の到着をもって、行政上の手続きをすることになった。

社内では、いままで開発ということで、役所の開発担当者と話しを進めてきたので、いまさら、位置指定道路だということが通るだろうか、開発予定図面も見ているし、実態は開発なのだから、こちらの指導に従わなくては、建築確認は出せないと言われたら困ることになる等々、数日間気を揉んでいたのである。

担当の部長に会って話してみようということで出かけ、話を始めて一分も経たないうちに、その担当部長は「いいんじゃないの、こういう道路をつくるべきだし、街はこういうように創るのがいいんだ、こういう開発をしなければいけないんだ。それにこのような道路を市に採納されてもその管理をするのは手間が掛かることになり、コストも掛かるから、反対に市に採納しないで、私道のままで地主の管理の方がかえって都合がいいんじゃないの。道路も四メートルのところを六メートルにしてくれるわけだから。このほうが理想だよ。」

このようにして三〇〇〇坪の定期借地権の第二期二〇棟開発プロジェクトが進行することになったのである。

道路景観と電柱

人々が生活するためには、電気が必要であるが、電柱はとても街の美観を損ねる。街並み景観を美しく保つために、電線の地下埋設や、それができなくても、欧米の美しい古い住宅地に見られるように、敷地の裏側から電線を引けないかを検討することになった。東京電力に相談した結果、いずれも可能であることがわかったが、地下埋設は費用面から諦めることになった。そこで、三〇〇〇坪の敷地の周辺に電柱を配置して、電線を表道路から排除したすっきりした道路景観をつくることにした。

前面道路は法律的には幅員四メートルで足りるが、その脇に幅員一メートルの並木のある歩行者用の沿道（サイドウォーク）用地を確保した。この並木を銀杏並木か桜並木かにして、その足元には四季折々の草花を絶やさないような工夫をして、できる限り歩くことが楽しくなる空間とした。さらに、各敷地の境界塀をなくして、建築物（住宅）は、表道路から四メートル以上セットバック（壁面後退）

して配置することにした。その結果、前面道路に対面する住宅の壁面間距離は、4m＋2m＋各4m＝14m の空間ができ、道路から空が広く美しく見えるようになる。大きな広い美しい道路が広がり、その道路に沿ってレンガの家々が立ち並ぶ美しい住宅地が計画されることになった。

定期借地と土地管理

道路の所有権は地主にあるので、その管理も地主がすることになる。借地方式にすることで、統一した景観や美しい環境を維持することができるという実例は、英国のガーデンシティで確認済みの方法でもある。土地の資産形成に、地主が関心をもっているからこそできることなのである。地主としても、自分の土地に住む人に、気持ちよく住んでもらい、土地経営上適当な地代が得られるため、土地経営として管理のしがいがある。

このような開発ができれば、その場所に住みたいと願う人が後を絶たず、売却物件を順番待ちする状況が形成されることになる。当然、住宅の中古価値も上がることになり、住宅を所有することで、個人資産形成の四〇パーセントが実現している米国の状況に迫ることができるわけでもある。まさしく、資産形成上で、環境のデザインの重要性が示されているのである。

こうした開発の需要性は、今後ますます高く認識され、その実現手段としての定期借地権分譲地の住宅経営は、なおさら貴重になるはずである。都市計画の母といわれている土地区画整理事業でつくられた敷地では、ただ単に、道路が碁盤の目のようにできているだけで、街並みとしての景観

（ランドスケープ）が美しく造られ、管理されているわけではない。道路に沿った各敷地に、土地所有者が勝手に好きなように住宅を建てるので、土地の地形は整理されていても、三次元の景観として少しも美しい街並みにはなっていない。

一方、定期借地権による住宅地開発は、地主が自分の土地の資産価値を高めるために、皆が住みたくなるような町にすることを真剣に考えるからこそ、できる町づくりである。人々が住みたくなる夢の実現のプロジェクトであるから、事業の施行者にとっても、楽しい事業であり、評価がはっきりするため、満足感も得られる事業である。それが実現できる理由は、土地代を必要とせず、環境形成に予算を掛けるからである。

デザイン

地主の土地利用に対する願いは、土地を賃貸する五〇年以上の間、自分の土地の環境が美しく維持されていることにプライドがもてることである。逆に、土地の管理がずさんであれば、その土地の魅力が失われ、周辺の土地からうとまれるだけでなく、その土地自身の評価を貧しくしてしまう。京都の町や、城下町の武家屋敷、宿場町の美しい街並みに共通したものは、統一性である。それは、道路を歩いていて実感できる景観の美しさでもある。つまり、自分の貸地には、五〇年以上の期間耐えられる統一性のある美しいデザインが必要である。土地が良い資産として維持されるためには、その町のデザインが審美的に優れていることが重大な要素になる。

2――販売計画＝購入者側からみた定期借地権――近傍での開発事例比較

資産価値のない住宅

日本の住宅の平均的寿命は約二六年と言われている。しかし、われわれが住宅を新築するために古い住宅を壊すときに、もう住めないという住宅にほとんどお目に掛かったことはない。壊さなければならない理由として、以下が指摘されている。

・土地が狭く駐車場がほしい。
・三階建にして一階を駐車場にする。
・家族が増えたから部屋が足りない。
・年を取ると膝が痛く、畳に寝起きするのは辛いのでベッドの生活をしたい。
・一階の応接間は使わないし、階段の上り下りがなくて楽なので寝室にしたい。
・キッチンを取り替えたい。
・外壁がいたんでいるので取り替えるなら、いっそのこと建て直す。

他にも理由はあるだろうが、建物そのものの寿命が、直接の原因ではないことは確かである。建物の構造躯体に使われている木材は、適度に乾燥し強度も増して、さあこれからというときに壊され、大変な資源の無駄が現実に起きている。

日本の都市部の住宅の歴史を考えると面白いことがわかる。江戸時代には、映画の時代劇でお馴染みの長屋がその生活の中心で、当時の九〇パーセント以上の人が長屋に住んでいた。明治時代になり、産業革命が始まり、都会に雇用の機会が拡大し、人が都会に出てきて、江戸時代の長屋と同じ貸家や長屋に住んでいた。

第二次世界大戦後から高度経済成長期まで、七〇パーセント以上の都市居住者は借家住まいであった。一九七〇年代、財産形成が政策の中心におかれ、長期の住宅ローンができ、持家政策により、個人住宅がローンで建てられ、持家比率が拡大するようになった。都市部の持家住宅の歴史はきわめて浅いものである。貸家は持家に置き換わったが、その住宅は一〇〇年、二〇〇年以上使うように造られていない。ある新聞のコラムにも「われわれ貧乏人は何世代経っても住宅ローンから抜け出せない、安普請で建てるから、自分のローンが終わったころ、息子が建て直しをして、また息子がローンから抜けられない、孫も同じことを繰り返すのか。」

資産価値のある住宅

本人が住宅を建て、三世代ぐらいは使えるのであれば、ローンがないぶんだけ二世、三世は豊かな暮らしができるはずである。これがまさしく資産価値のある住宅である。生活様式が社会とともに変化するため、内部を容易に変更できる住宅であれば、時代に対応できる。住宅は空間を変更可能な構造にすればよい。それには住宅内部の耐力壁をできるだけ少なくし、トラス等を使い、大きな空間を可能にすれば解決できる。外壁は、建物を厳しい自然環境から守り、時代を経れば経るほど味わいが出てくるような材料が望まれる。

本事例ではレンガしかないという結論になった。レンガであれば、サイディングのようにペンキの塗り直しのためのメンテナンスの経費もなく、経済的である。日本では、レンガは積む職人が育っておらず、レンガ積みは一般的に望めないため、スライスレンガで、絶対に剥がれない乾式方式のものを選択することにした。欧米の高級住宅では、レンガの化粧積み（ブリックベニア）が一般的な外壁となっているが、最近は、スライスブリックの使用も増えている。いずれも高級住宅の外壁材である。レンガ外壁は、できるだけ安価につくるために、壁に凹凸はつけずシンプルな形でつくることが肝心である。シンプルで調和の取れたデザインは、施工する壁面積、材料の無駄、手間、ゴミ処理をも減少させて、建築コストが経済的になり、維持管理費を最小にする一石五鳥ぐらいの利点がある。このような住宅を建設すれば、一〇〇年以上の期間使用に耐えられ、資産価値のある家を建てることができる。

金融

定期借地権を活用した住宅地経営は、まだ歴史が浅いので、金融が対応できていない。現在の金融は、クレジットローン（借主信用金融）であり、その個人信用の担保が土地担保になっている。

定期借地権は新しい制度であり、建築主の信用担保として借地権を担保に取れない。地主に対しては借地権が付くことで、土地担保としての魅力がない。

現在の住宅金融は、基本的には土地担保主義に縛られた金融である。住宅の資産価値は、住宅地の効用が維持される借地方式のほうが、より確実に土地環境は担保されるという事実に根拠をおく抵当金融の考え方と、個人信用を土地担保で補強する考え方とは、大きく対立するものになっている。そのため、定期借地権方式による開発費用の融資を受けることは、かなり工夫が必要である。この辺が定期借地権付き住宅地開発がスピードをあげて進まない原因にもなっている。

土地代が不用で建物分の工事費だけであるから、貸し出す金額も少なく、建物に実質的に予算が掛けられている。環境の守られた住宅の担保価値は高く、リスクは非常に少ないはずである。土地担保主義は、土地を担保に取っても、貸し出し総額が大きければ融資リスクも大きいし、土地の価格が下がっていくご時世なので、担保処分しても損失が出るのは明白である。現在のクレジットローンは、その回収不能の分を、個人に訴求するため、住宅ローンを払えなくなった者の損失は、永遠に債務者個人に追及され、自己破産へと追い詰めることになる。

区画の広さ・面積

最初に貸し出す住宅敷地の広さは、一宅地三〇坪、六〇坪、一〇〇坪の中、どの広さがよいのかを検討した。三〇坪では郊外の良さがなくなってしまう。地主としてはできることなら、店子と長いつき合いになるので、スラムにならないでほしいし、所得も社会の平均程度以上の者に住んでもらいたいという希望であった。一方、住宅に利用すると、固定資産税は、六〇坪までが六分の一に減額され、都市計画税が三分の一に減額される。そして、地主側からすると、六〇坪で貸そうと、三〇坪で貸そうと、地代総額は同じである。つまり、地代収入も同じことになる。そこで、できれば六〇坪を基準に区画割りをして貸したいということになった。

販売条件比較

月額地代も六〇坪で二万五〇〇〇円ならば、土地の維持費は約二万円以上であるし、地主の利益も納税控除として五〇〇〇円分出てくるので、ほどほどのところかなと推測できた。当時、土地の購入時価は、坪七〇万円であるから、六〇坪の住宅地を購入すると、四二〇〇万円になる。そして、建物価格を三〇〇〇万円とすると、合計で七二〇〇万円になる。それが定期借地権付き住宅であれば、保証金込みでも四〇〇〇万円で購入できるので魅力である。地代の月額二万五〇〇〇円は、マンションを購入した場合の管理費以下のものであるので、土地の所有権にかかわらなければ、あまり気にならない。われわれの開発コンセプト以前に、ただ定期借地権を利用するだけで、大きな住宅価格差が生じるのである。われわれも建物三〇〇〇万円でいこうということになった。これだけの予算があるならば、かなりの家を造ることができると確信できた。

定期借地権

定期借地権を実施する場合、決めなければならないことは、定期借地権の期間を何年にするかということである。現在、一般的には、期間を五〇年で定期借地が実行されている。本事例では、借りる側の意見を聞き、検討することになった。三五歳の人が住宅を建てて住むことを想定する。その妻の年齢が夫より五歳ぐらい下も考えられるので、その場合、五〇年後は、夫は八五歳となり死亡しているかもしれない。しかし、妻は八〇歳で健在だし、また最近は寿命が延びているので、八〇歳の夫婦健在は当たり前になっているかもしれない。それが八〇歳にもなり、定期借地権の期限が切れて土地を返還するのでは、お金の問題ではなく、住みなれた家を離れて、新しく生活を始めることを考えるのは不可能に近い。できれば死ぬまでそこで暮らしたい、と考えるのは当然である。友人や近隣という、これまで作ってきた環境の中で生活することが一番大切なことである。

一方、地主としても土地を維持経営できるならば、特に自ら土地を使う差し迫った必要でもないかぎり、何も五〇年でなくても構わない。英国による香港の借地期間は、一〇〇年は無限を意味するので九九年であった。日本には借地という制度が法律上もありながら、一九四一年借地法の改正以来、軍事統制から、戦後の高度経済成長下の絶対的住宅不足の時代まで、地代家賃統制令と表裏の関係で、借地法の正当事由が拡大運用された結果、健全な借地関係が破壊されてきた。旧法の借地権は、地主の意思とは無関係に法律で定められた「正当事由」に対する法律解釈によって、ある日突然、一方的に借地権を事実上地主から奪っていった。このマイナスのイメージが、地主の借地権に対する恐怖感を形成してしまった。

自分から土地経営をするために貸し出すのであれば、新借地借家法でも、九九年という概念が採用されたかもしれない。しかし、借地は、地主の生存する期間内に、確実に地主に戻すことができるという安心感に依拠して、新借地法借家法が取りまとめられた。そのため、借地期間満了時には、あえて「更地にして戻す」ことを契約に取り決めるようにする規定まで設けられた。立法趣旨説明でも、「借地期間満了時に借地の更地返還」が、定期借地権制度の目的と説明されている。しかし、それは法律で定められていることではなく、統制経済への反動としてのいき過ぎた説明であった。

地主にとっても安定して地代を収入できるのであるから、五〇年にこだわらなくてもよい。七〇年などの半端よりも、思い切って一〇〇年にしたらどうか。借り手も一〇〇年ならば、間違いなく自分たち夫婦の世代だけでなく、子供も確実に定住でき、同じ住宅で三世代住み続けることができる。地主、借地人双方にとって、一〇〇年定期借地は理想である。

住宅の販売後、国税局から二人、日本で初めての一〇〇年定期借地権のことを上司から調べてくるようにとの指示を受けて来訪した。私たちはともかくも、日本で初めてのことを実行したことは間違いないことが確認され、少し嬉しい気持ちになった。

本事例では、一〇〇年定期借地権に合わせ、建物も一〇〇年の使用に耐えられるよう、外壁はレンガで統一した。街並みとしてのランドスケープを重視し、各区画の塀を造るのはやめた。これは田園調布が大正時代に開発されたとき、英国のガーデンシティの計画に倣った一つの街づくりの考え方である。

定期借地権保証金は、一〇〇〇万円か五〇〇万円か

定期借地権保証金をいくらにするかは、制度上の根拠も定めもないため、当事者間で決定しなければならない問題である。これまで一戸・一〇〇〇万円が相場といわれてきたが、購入者にとって、保証金が戻るのは一〇〇年後であるので、保証金は自分の預け金という概念はない。ほとんど保証金は住宅のコストと考えられている。

一方、地主はどうであろうか。一〇〇〇万円の保証金を預かって預金しても、低い利息しか期待できない。現在の定期預金だと一〇〇〇万円預けて、年間二万円程度しか利息がつかない。投資家に変身して株式投資をするのか、国債を購入するのか、保証金を運用でもしなければ、使ってしまうことになる。使ってしまえば、子孫に保証金の返済という借金を残すことになる。もちろん、地主に資金運用の才能や経験があるのであれば、十分可能な選択である。一〇〇年間預かるということは、地主側も一〇〇年間三代にわたり、運用し続けなければならないことを意味している。地主本人には自信があっても、地主の子供やさらには孫までも、そのような仕事をしなければならず、それには金額が大きすぎる。

この事例で、地主の貸し出し区画数は五〇区画であるから、一〇〇〇万円だと五億円になる。購

入者も事実上、保証金の戻りを期待しているわけではないので、反対に保証金の額を思い切って下げて、反対に金額を下げた分を購入者に運用してもらい、その利息分として、二パーセント分を地代として頂戴したほうが、地主や購入者の双方に都合がよいのではないか。そこで保証金を半分にして、残りの半分の五〇〇万円を年利二パーセント、一〇〇年間で返済するとして計算すると、月額一万円弱になる。地代を二万五〇〇〇円から三万五〇〇〇円にして、保証金は半額の五〇〇万円でもよいのではないか。そのほうが、地主のリスクも少ないのではと考えた。地主もそのほうが安心できるし、毎月の現金の収入も増え安心できるということになった。

持家の建設条件

本事業において供給する借地条件は、以下のように設定されることになった。

敷地区画約六〇坪、建坪四〇坪、レンガ外壁、塀がないオープンな区画、保証金は相場の半額の五〇〇万円、しかも借地期間は日本初の一〇〇年間、ただし、地代は、月額三万五〇〇〇円である。そして第一期分譲定期借地権付き持家として、一二棟を売り出すことになった。最初に二棟建設を始めて、広告を出したところ、一カ月で完売した。やはり購入者は、平均所得以上が多く、インテリ層でゆとりのある家族が多い結果となった。時価四二〇〇万円する土地を、毎月三万五〇〇〇円の地代で、一〇〇年間借りられるから安い負担だと言える。

お金を持っている人は別であるが、お金を貯めないでも、五〇〇万円で素敵な家を美しい環境の中に持つことができるのは、なかなか魅力のある買い物である。購入者にも満足してもらい、居住者は週末にはガーデニングを楽しみ、そして緑が増え美しさが増す。定期借地権を利用した住宅地開発技法はさらに進歩すると確信している、この第一期分譲に引き続いて、実施中の第二期以降の住宅地は、第一期を上回る環境形成で、グランドデザインに基づいて造られる町であるため、入居者の満足度はさらに高いものになるはずである。

第一期計画は、このように地主の立場から、土地経営を考えて定期借地権を利用すると、何とか固定資産税を賄えて、相続税にもかなり節約できる方法を見つけ出すことができた。さらに地主が自分の土地であることを誇りに思える企画にすることができたし、居住する人たちも、住んでいることに誇りがもてるような環境を創れたのではないか。完全というものはなく、さらに研鑽を積んで、皆様に喜んで住んでもらえるコミュニティを、三〇〇〇坪の敷地全体に拡大して創造していきたいと考えている。

九章　現行制度とこれからの課題

定期借地権付き住宅開発事業は、地主の視点から見れば、基本的に土地資産を土地税、なかでも相続税の重荷からいかに逃れることができるかの問題である。そこで、本章では、現行制度としての相続税の実態を振り返って再確認し、その認識に基づいて、現行制度の問題について、税理士の立場から考えることにする。

1──相続税の計算

次に示すのは、現行制度上の相続税の計算方法の簡単な仕組みである。この計算は、条件が設定されれば、ほぼ自動的に決定される。土地の路線価の評価額を大まかに把握できれば、それを課税財産としてとらえて計算できる。

(1) 課税財産　　路線価×所有土地面積（m^2）

(2) 基礎控除額　　5,000万円＋1,000万円×法定相続人の数

(3) 課税価格　(1)－(2)

(4) 相続税の総額

この課税価格を、相続人の法定相続分に基づいて財産を相続したと仮定して、税率表を適用し計算して各人の税額を合計する。

〈法定相続分〉　A　配偶者は　1/2

B　子供は　1/2×1／子供の数

ただし、子供が3人いれば　1/2×1/3＝1/6

配偶者がいなければ　1／子供の数

相続税の速算表

各取得分の金額	率（%）	控除額（千円）	各取得分の金額	率（%）	控除額（千円）
8,000千円以下	10	－	200,000千円以下	40	15,200
16,000千円以下	15	400	400,000千円以下	50	35,200
30,000千円以下	20	1,200	2,000,000千円以下	60	75,200
50,000千円以下	25	2,700	2,000,000千円以下	70	275,200
100,000千円以下	30	5,200			

〈試算例〉

財産の総額が一〇億円、妻と子供三人の世帯の場合

(1)　課税財産　1,000,000千円

(2)　基礎控除額　5,000万円＋1,000万円×4人＝9,000万円

(3)　課税価格　(1)－(2)＝990,000千円

(4)　相続税の総額

A　配偶者の法定取得分　990,000千円×1/2＝495,000千円

B　各子供の取得　990,000円×1/2×1/3＝165,000千円

相続税の総額の計算

a　495,000×60％－75,200＝221,800千円

b　(165,000×40％－15,200)×3人＝152,400千円

相続税の総額　a＋b＝37,200千円

ただし、法定申告期限の一〇カ月後までに分割協議が終了して申告できれば、配偶者の取得分が二分の一以下であれば、その分の税額は軽減される。

本事例の場合、配偶者の取得分は四億九五〇〇万円であるので、三七四、二〇〇千円からこの配

偶者の分の金額を差し引いた一五二、四〇〇千円が概算相続税額になる。このように、ここでの相続税の計算においては、生命保険とか他の財産や債務を考慮しない土地の相続税の総額を概算としてはつかめる。

正確な相続税の計算については、顧問税理士に相談するとよい。

税　金

定期借地権を設定して、住宅用地として活用すれば、住宅用地の規模に応じて、次のような土地保有税（固定資産税および都市計画税）の軽減措置が得られる。

	小規模住宅用地 200㎡	その他の住宅用地（200㎡超）	税率
固定資産税	課税標準額の1/6	課税標準額の1/3	1.4%
都市計画税	課税標準額の1/3	課税標準額の2/3	0.3%

定期借地権を設定した場合の相続税の評価

定期借地権の目的になっている宅地の評価のしかたについて、財産評価基本通達二五の(二五)に原則を定めている。しかし、平成一〇年八月二五日付け個別通達「一般定期借地権の目的となっている宅地の評価に関する取り扱いについて」により、普通借地権の借地割合の地域区分CからGまでの地域については、原則的な評価に代えて、地域分ごと一定率による「底地権割合」を定めている。

個別通達で定めた底地割合

借地権 割合		
路線価図 地域区分	評価倍率	底地割合
C	70%	55%
D	60%	60%
E	50%	65%
F	40%	70%
G	30%	75%

定期借地権に相当する価額が、次の算式によって算出される。

相続時における自用地価額×（1－底地割合）×逓減率

したがって、一般定期借地権の底地の評価は、上記の試算式により算出した価額を、相続時の自用地の価額から控除した価額として算出する。

原則評価

相続税の対象となる相続財産としての底地の評価（原則評価）は、自用地としての価額から定期借地権の価額を控除して評価する。ただし、自用地の価額から次の割合を乗じて計算し、控除した金額（以下、概算法という）のほうが低い場合には、低いほうの金額時より評価することとする。

残存期間が五年以下のもの	5/100
残存期間が五年を超え一〇年以下のもの	10/100
残存期間が一〇年を超え一五年以下のもの	15/100
残存期間が一〇年を超えるもの	20/100

2——税理士としての提言

相続税

昨年二〇〇一年に、米国では相続税を完全撤廃することを可決して、その実現に向けて段階的に廃止することになった。相続税の撤廃が自由資本主義体制にとって、良いのか悪いかの判断は別にして、日本は米国の経済体制の中で競争し、共存しているわけであるから、日本だけ独自の財産税をとることは、到底国民の納得の得られない話と考える。歩調に合わせていかない限り、日本の資本や企業は、対外的に勝負できなくなってしまうおそれがある。つまり、資本家にとって資本蓄積が相続税によって損なわれていけば、やがて日本の資本は、米国の企業にすべてを握られるとの危惧である。

現実に、台湾や米国、香港などとは税制が異なるため、企業にとって使える資本の大きさも異なり、税制が企業の成長に重大な影響をもっている。この現象は、上海や他の東南アジアでも企業格差となって現れている。一億円稼ぐ人が七〇パーセント税金を取られて三〇〇〇万円しか使えない場合と、二〇〜三〇パーセントの税負担で済み、七〇〇〇万円を再投資する場合とでは、競争力が二倍以上も異なる。日本の高い租税負担がこれからも続けば、日本の企業が、世界から遅れをとることになる。現実に、米国の三パーセント程度の資産家がますます資本蓄積をして、世界を席捲することになりつつあるのである。

日本の相続税や所得税は、世界でも高い部類に属し、その影響はさまざまなところへ波及することは明らかである。税理の実務家として、このように世界の中の日本だけがハンディを負っているのは考え物である。他の自由競争により、切磋琢磨して共存共栄するためには、同じ租税基盤に立たないかぎり生きていけない。それゆえに、日本も財産税を大きく軽減するか、撤廃するかの方法を取るべきであると考える。

定期借地権

日本の地主は、日本の経済活動を支えている大きな眠れる資本家である。政府はその資本家から固定資産税と相続税によって、その資本を取り上げて、土地経営自体を成立できなくしている。資本家を上手に利用することや活用する方向で、税制が実施されていないことが問題である。地主の有効な土地利用は、日本の勤労者大衆が、その家計支出の適正負担の範囲で、住宅による資産形成を実現するうえできわめて重要なことである。勤労者達が、定期借地権という制度を活用して、資産価値のある住宅にするために、地主が土地提供をして活用できれば、地主の資本の維持と一〇〇年以上使える住宅の生産が促進され、低いローン負担で生活できる人が増え、個人資産形成は高まり、消費支出を拡大する。それにより、さらに日本の資本が蓄積されることから、この制度を充実していかなければならない。

一般借地権割合が六〇パーセントの地域で、定期借地権を設定した場合、その定期借地権割合は四〇パーセントである。それだけ相続税の負担も大きいということになる。したがって、地代も高くならざるを得ない。地主は土地を維持したいと望んでいるが、必ずしも地代で裕福に暮らしたいと考えているわけではない。地代は、自然と市場原理が働いて、リーズナブルな方向に収斂することから、暴利をむさぼることは起こり得ない。反対に、合理的な土地の維持管理費を、地代という形で負担できれば、広い土地を安く利用することができるようになり、国民は豊かな暮らしができる。

住宅ローン

国民の住宅費負担から考えると、早く定期借地権の権利評価を、一般借地権と同等に評価するべきであるし、さらに優遇措置を講じるべきであると考える。そうすれば、ローンも一代限りになるから、二世三世はローンがなくなり住宅を所有できるため、可処分所得が増え、国民が豊かな環境に住むことができる。

初代の定期借地権付き持家取得をした場合でも、地主からの土地購入のためのローンはない分を換算すると、三〇年間で三〇〇〇万円ぐらい可処分所得ができるため、大きな土地と住宅で暮らして、日本経済にとっても消費や貯蓄が増えることになる。建設業者も、土地費の負担がないため、建築主に対して、費用を掛けた納得のいく仕事ができるようになる。また銀行にとっても、土地を含まないので貸し出し額が少なくて済み、住宅ローン破産も少なくなるため、リスクは軽減され、安全は増すことになる。

素晴らしい環境と、一〇〇年経過しても十分に使用できる住宅が建てられることから、中古市場が成立し、米国に倣った価値ある住宅を、日本国民が持てるようになる。このような社会を一刻も早く実現するために、定期借地権に対する課税方法は、早急に改善されるべきである。

十章　美しい町づくりへの挑戦―カメヤグローバルの事例から

1―小規模定期借地権付き住宅地開発の考え方

著者であるカメヤグローバルの小山会長は、かねてより住宅ローン返済額は世帯年収の一五パーセント以内にすべきであると主張してきた。借地借家法により「定期借地権付き住宅」が可能になったときから、消費者が家計支出で支払い可能な住居費負担で、健康で文化的な住宅供給を実現するためには、「定期借地権付き住宅に依らないかぎり、大都市の消費者に住宅を供給することは困難である」との認識の下に、「定期借地権付き住宅」の実践を自社直営で行うのと並行して、全国の建設業者に対し定期借地権事業の支援に取り組んできた。これまで多数の定期借地権付き住宅建設事業が取り組まれて以来、一〇周年を迎え、カメヤグローバルが取り組んできた事業もその方向性が次第にはっきりしてきた。

ここで紹介する二つの支援事業は、一つは米国西海岸カリフォルニアに建てられている長い年月にわたって人々から愛されてきたスパニッシュコロニアル様式のデザインでつくられてきた住宅と、もう一つは日本の住空間として人々が懐かしさを感じてきた住宅の事例である。双方とも、以下の利点を十分理解して実施された。

①住宅建設業者は、取組みにあたり「定期借地権付き住宅は、地主が住宅地管理を借地契約によって実施することによって、住宅地自体の環境を借地契約期間を通じて担保する」ことを理解する。

②地主は、土地管理費をはるかに上回る地代収入を得て、相続税の課税においても、借地権分の納税に足りる十分な利益が得られる。

③住宅取得者は、土地取得の重い負担を免除されて、豊かな住環境を手に入れることができる。

本章では、定期借地権付き住宅を推進してきたカメヤグローバルとしての事業に対する考え方を、以下に説明し、その後に二つの事例を紹介する。事例二で取り扱った長崎での事業の進め方は、基本的に事例一と共通する部分が多いため、住宅地の計画内容についての紹介のみに止めた。

「定期借地権でゆとりの住まいづくり」

二一世紀を迎えた日本社会が大きな転換期にあるのは間違いない。それにともなって、あらゆる産業で構造改革が求められている。それは、住宅産業でも同様で、従来の住宅づくりとは違った新しい住宅づくりが求められている。カメヤグローバルは、いち早く新しい時代を見据えた住まいづくりをスタートさせた。その一つが土地の所有にこだわることなく、豊かな生活空間を実現する「定期借地権付き住宅」である。

これまでの家づくりを見てきて感じることは、所有すること自体が目的となり、本来の目的である「快適に暮らすための住まい」といった大切な視点がなおざりにされてきたことである。土地付き住宅という家づくりは、土地代が住宅取得費を膨張させ、その土地代の返済に、家づくりにほとんどのエネルギーが取られるために、子供の教育や老後の暮らし、生活のゆとりなど考える余裕がなくなっている。

バブル経済末期には、生活大国のスローガンのもと「年間一八〇〇時間労働と年収の五倍以内で住宅取得」が掲げられた。この年収の五倍以内という目標でさえ、生涯収入の三五パーセントが住宅取得と維持管理費に消えてしまう数字である。その上、税、保険掛金、年金掛金が三五パーセント加わり、残金で衣食住を賄うとすれば、ゆとりを持って生活するのが無理なのも当然である。

土地神話とその崩壊

しかし、土地が値上がりし、賃金が右肩上がりの高度経済成長期は、インフレで借金は実質目減りして、結果的に家計支出でローン返済ができていたため、多少無理な借金をしてでも資産形成という面からは「土地付き住宅を取得してよかった」時代であった。

戦後からバブル期にかけて地価が急騰した時期は三回ある。一回目は昭和三五年から三六年にかけての池田内閣による所得倍増政策のころである。都市部での工業用地や生産拠点化を図るため、工業用土地需要が拡大し、臨海地域の土地が高騰し、同時に、都市部への労働人口の集中で、住宅用土地需要が拡大し、周辺地域の地価も上昇した。

二回目は、田中内閣による列島改造ブームの時代である。ゴルフ場や別荘地など大規模な開発が進み、都市部だけでなく全国的に土地の価格が急騰した。

三回目が、昭和六〇年のプラザ合意による円高政策に端を発するバブル景気である。超低金利政策による金余りで、土地は利用目的とは関係ない資産形成や投機の対象となり、五年間も高騰を続けることになった。

昭和三〇年を起点としてこの間の地価の上昇を六大都市圏の住宅地価格でみると、四〇年で約一二〇倍（この間の賃金指数が約」に二一倍、GDPは約五三倍）にも跳ね上がり、年平均にして、実に約一四パーセントという値上がりであった。

これなら年利六パーセントの借金をして土地を購入しても、差引き毎年八パーセントずつ資産が増えていくことになる。「借金してでも土地を買っておけば、労せずして確実に資産を増やすことができる」ということで、土地神話が生まれた。しかも土地・株をはじめ、国全体が生産を忘れ、財テクに走り、バブル経済を膨らませた。

しかし、こうした歪んだ資産形成が、いつまでも続くわけはない。それは少子高齢化社会と経済のグローバル化による経済環境の激変である。膨らんだ風船がいつかは破裂するように、バブルが崩壊、戦後初めて土地の価格が値下がりをするなど、デフレが進行し、一方ではサラリーマンの給料も右肩上がりの増加が期待できなくなった。

政府および日本銀行による金融政策と土地政策の変更が、土地神話の崩壊を決定的にした日本銀行の金融引き締めと、平仄を合わせて実施された。臨時行政改革推進審議会の緊急答申を受け、不動産関連融資の総量規制を実施するとともに、平成元年には「土地基本法」を成立させたのである。「土地基本法」は、これからの土地政策の理念と方針を明示した土地に関する憲法的な存在と言えるものである。その中には、投機的取引きの抑制や、土地の計画的有効利用の促進等が盛り込まれ、土地は所有から利用する時代になることが宣言されたのである。そして平成四年、この理念に基づいて新しい借地借家法が施行されることになった。

土地の利用を阻む借地借家法

従来の借地借家法では、土地の利用を阻害する条文とその運用とがあった。それが「借地期間更新拒絶のためには地主に正当な事由が必要」との一項で、一度土地を貸すとなかなか戻ってこない要因になっていた。このため、土地所有者は、駐車場や一時的な使用以外には、土地を貸さなくなり、結果として、土地の値段をさらに吊り上げることになった。

これに対して、新しい借地借家法では、「定期借地権制度」が創設された。この「定期借地権」とは、借地期間を制限する借地権のことであり、標準的な借地期間が五〇年以上となっている。つまり、期間五〇年の定期借地権契約を結べば、地主には借地期間が満了した五〇年後に確実に土地が戻ってくる。借地人も五〇年という長期間安心して計画的に土地が利用できる。このメリットを住宅取得に活かしたのが「定期借地権付き住宅」である。ユーザーはこれまでのように高い土地を購入して住宅を建てるのではなく、土地所有者との間に定期借地権を設定し、そこに住宅を建てるわけである。

定期借地権住宅の誕生

この方法での現在の定期借地権付き住宅事業では、最初に地価の一〇～二〇パーセント程度の定期借地権設定で保証金を積み、定期的に一定の借地料を土地所有者に払うことになる。それでも土地を購入して新築するのに比べ、その五割から六割の価格でマイホームの取得が可能になる。この契約時の保証金は、土地返却時には借地人に戻ってくることになる。まさに子育ての必要な三〇代から広い家に住みたい、老後のために住宅を持ちたい、マイホームとゆとりある生活を両立させたい、といったユーザーの声に応える住宅が、定期借地権付き住宅といえる。

カメヤグローバルは新しい借地借家法が施行されると、すぐ、この定期借地権付き住宅の事業化をスタートさせ、平成五年五月には全国に先駆けて事業化した。その後、旧建設省の音頭のもとに平成六年七月、「定期借地方式を活用した住宅・宅地供給が、適正かつ円滑に実施されるよう、定期借地権制度の普及活用を促進する」目的で「定期借地権普及促進協議会」が発足した。平成一二年末には、累計で二万戸を超える一戸建の定期借地権付き住宅が供給された。しかも平成一二年の一年間では、前年比約三五パーセント増と初めて四〇〇〇戸を突破した。

定期借地権付き住宅の有効さは、同協議会が実施した供給実績調査からも明らかである。調査では、定期借地権住宅は、全国でみると、保証金が平均で約六三九万円、月額借地料（地代）が平均で約二万八〇〇〇円、住宅価格（建物＋保証金等）が平均約二四八九万円になっている。これは、敷地を同一規模に換算して周辺地域で土地を購入して新築した住宅（土地所有権付き住宅）価格の約六三パーセントと四割近く安くなっている。定期借地権付き住宅の敷地面積は全国平均で二〇九・七平方メートル、延べ床面積は平均一二四・二平方メートルとなっている。これを、周辺地域の土地所有権付き住宅と比較すると、敷地面積で約一・五八倍、延べ面積では約一・二八倍の広さになっている。

ゆとりの暮らしを実現

「定期借地権普及促進協議会」から、実際に定期借地権付き住宅を購入したユーザーのアンケート結果から、次のようなことが判明している。

第一に、「**入居後の満足度**」

総合評価九〇パーセントにユーザーが「土地所有権付き住宅に比べ、良い条件の住宅を安く購入することができ、満足している」。項目別、満足度の高いものとして「建物の広さ」九一パーセント、「土地の広さ」八五パーセント。「街並み・環境」八〇パーセントなどが挙がっている。

第二に、「**購入者の住宅観**」

七一パーセントのユーザーが「土地神話は崩れ、土地の投資価値で崩れ、土地の投資価値としての優位性は低くなる」と考え、また九三パーセントのユーザーが「住まいは資産価値ではなく利用価値で選ぶべき」と解答している。

第三は、**定期借地権付き住宅への不満や不安な点**

「地代がどの程度値上がりするのかわからない」が最も多くて六五パーセント、「期限到来時の経済・社会状況がわからない」が五二パーセント、「期間途中で売却する場合、いくらで売却できるかわからない」が四三パーセントで続いている。

こうしたアンケートから浮かび上がってくるのは、将来の地代や五〇年後のことが気になりながらも、現在の生活の質を落とさず、より良い住環境を手に入れる方法として、定期借地権付き住宅をユーザーが選んでいるということである。

いずれにしろ、これからの少子高齢化時代は、かつてのように土地の値上がりを期待した住宅取得は、得策ではない。収入的にも、年功序列や終身雇用といった日本的経営の崩壊で、横並び的な伸びが期待できない時代を迎えている。こうした時代にあって、土地の所有よりも、利用に着目する定期借地権付き住宅は、二一世紀における有力な住まいづくりの手段といえる。

2―「定期借地権」による町づくりへの取組み事例

住宅建設業者として「定期借地権」に取り組んだ理由

定期借地権は、地価の高い都会で安く住宅を持つためのもので、地価の安い地方では、土地を買って住宅を建てることができるから定借は意味がない。筆者のまわりのほとんどの不動産も含め、多くの人の定期借地権付き住宅に対する理解は、次のようなものである。

一〇数年前からしばしば、筆者自身住宅建設業者ともども米国を訪ね、その街の美しさに憧憬を覚え、いつの日か日本にもこのような街を生み出したいと強く願い続けた。

広い敷地、大きな家、統一された町並み。しかも、それらの家が驚くべき安さで入手できる。土地は、土地利用が定まり、効用が生まれて価値が生まれ、土地利用と切り離して土地を価値のあるものとして所有する概念がないからだという。土地はあくまでも美しい家を作るための要素でしかない。生活環境としての効用こそが価値を生むため、効用の維持される住宅は、年々値上がりし、個人の資産形成になるのだと言うのを聞きカルチャーショックを受けた。

わが国では、土地こそが財産であり、土地を買った残りで持つものが住宅だと誰もが思っていた。しかも、その住宅は、年を経るにつれて資産価値が減価し、やがて古家付き土地といって、土地の資産価値にマイナス要素になっているとされてきた。

衣・食は、世界の一等国の仲間入りを果たしたようだが、住に関しては三等国の日本である。土地所有の考え方を根底から変えなければ、先進国の仲間入りは不可能であろう。そう思いながら、ジレンマを抱きつつこれまで分譲団地を開発していた、そのとき「定期借地権」を知った。「所有」から「利用」へ、という土地に対する考え方を、制度的に可能にする「定期借地権」制度こそが、日本の街づくりを根底から変えると考えられたことから、事業に掛けるすべてのエネルギーを「定期借地権による住宅づくり」に注ごうと決意した。

定期借地権は、単なる価格を下げるためのものではなく、「広い土地」「美しい家」「先進工業国標準の街並み」を生み出す手法と直感したからである。定期借地権事業は、単なる商法の一つではない。新たな価値観の創造であり、文化の伝達であり、哲学の布教なのである。

3——定期借地権による夢の実現（事例一）——ミッションヒルズシーサイド（赤塚建設）

ミッションヒルズシーサイド（三重県津市）は、カメヤグローバルの支援を受けて筆者が、将来の資産形成となる住宅地開発は、定期借地権付き住宅によるほかないという確信のもとに、現実にカリフォルニアで見たスパニッシュコロニアルで創られた事例である。

当初、地主は「定期借地権」制度について知らなかった。「借地」をさせたら最後、土地は取られてしまうも同じとの認識があった。津市では、前例のないプロジェクトでもあり、地主はかたくなに断っていた。しかし、以下のような町づくりに定期借地権付き住宅が威力を発揮できていることを社長自らが信念と情熱をもって説明し、理解を促した。

(1) 平成四年にできた「定期借地権」制度は、地主にさまざまなメリットがあること。

(2) 土地は、「所有」から「利用」への価値観の転換をしなければ、現在の問題点が解決されないこと。

(3) 土地活用のあるべき姿、美しい町を消費者購買力の範囲で供給すること。

その結果、地主の全面的な理解が得られ、最終的には理想とする「美しい街づくり」のコンセプトに地主が賛同し、事業が実現した。

住宅設計の基本コンセプトとその構成内容

数百世帯を超えるアパート、借家を訪問し、居住者に対し「定期借地権付き住宅」のプレゼンテーション、「家賃並みの支払いで、建売住宅よりもはるかに豊かな住空間が入手できる」ことを説いてまわり、マーケットリサーチを行った。しかし、「定期借地権付き住宅」への需要ははかばかしいものではなかった。低所得層ほど、土地の所有にこだわり、一度は土地を持ってみたいという。土地を持つことが豊かさを手に入れることであると勘違いをして、生活そのものから「豊かさ」を享受するという考えに対してどうしても理解が及ばないのである。

そこで、ターゲットを変え、それまで二〇〇〇万円で設定していた住宅価格を三〇〇〇万円に引き上げるとともに、新たなコンセプトを打ち出した。米国ロサンゼルスのアンカーハウジングと提携し、これまでの日本の住宅になかった資産形成住宅の考え方を取り入れたのである。「カリフォルニア青春白書」は、以下の六つを特色とした開発内容である。

(1) デザイン性

日本の住宅メーカーの家はもっぱら「価格と性能」について考慮し、デザインに対してはほとんど考慮されてこなかった。美しくなければ家ではない。この住宅のコンセプトを、カリフォルニアで育ったスパニッシュコロニアル様式をもとに、審美性を重視した米国ロサンゼルスのハウスデザイナーによる設計を採用した。

(2) ランドスケープ

土地が価値を生む時代は終わり、環境こそ価値を生み出すもの、そのためには街そのものが時代とともに成長し、価値を上げていかなければならない。審美的な環境、風景をデザインするというピクチャレスク（絵画のような構図をもった）な美しいデザインという発想である。欧米では当たり前のことが、まだ日本ではほとんど重要視されていない。定期借地だからこそ地主が借地条件として担保できる環境の維持。ロサンゼルスでビバリーヒルズ等を手掛けているランドスケープデザイナーと契約し街づくりに取り組んだ。

(3) ビルトインガレージ

建物の中に車庫を取り入れて計画されたカリフォルニアでは、一般的な計画である。雨の日の買い物でもまったく濡れることなく、キッチンに直行できる。ガレージは倉庫であり、車を車庫の外に出せば、日曜大工や屋外作業が屋根のある空間でできる格好の作業場にもなる。

(4) 二四時間セントラル空調

家中の温度を一定にすることにより、間取りを規制されることなく、大きな吹抜け、広いリビング、大胆なハウスデザインが可能になる。機械が外部から見えないから内観、外観ともすっきりし、高密度・高断熱の2×4工法によりランニングコストも一カ月一万円程度という省エネを実現できる。

(5) ドライウォール

内壁はビニールクロスを使わず、健康塗料での壁仕上げである。下地のドライウォール工法とは、壁に継目が出ず、メンテナンスもフリーである。欧米では当たり前の仕上げであるにもかかわらず、手間がかかるという理由だけで日本のハウスメーカーは採用していない。われわれは、職人をアメリカまで連れて行き技術を習得させた。

(6) ガーデナーサービス

ランドスケープを美しく維持管理していくために、庭師を手配、派遣するサービスを年間二回行う。またそれにより、入居者にも自らランドスケープを美しく維持管理することの重要性を感じてもらう。

定期借地権付き住宅による土地活用の提案

地主に対して、定期借地権付き住宅による土地利用を働きかけた際の提案内容は、次のとおりである。

●定期借地権という選択肢

現在空地になっている土地は、固定資産税のターゲットとなっている。平成六年度の評価替えにおいて公示価格の三割から七割へと大幅に引き上げられた。不動産が永遠に値上がりするという神話が崩れ、土地を所有することがリスクとなる時代になった。そこで資産を守り、しかも有効に利用することによって収益を上げる不動産リストラの選択肢は「処分する」、「自己活用する」、「利用する」の三つである。

自分で「使用しない」不動産を、まず「処分する」のか、「残していく」のか、に区分しなければならない。「残す」のであれば、その活用方法を考える。建物を建てれば、借入金・管理・維持・修繕等のリスクが発生する。定期借地権であれば、借金をせずお金をもらって始められ、安定した収入が得られる。

●定期借地権付き事業計画の提案内容

ミッショヒルズの開発に対して、地主が同意できるようにするための開発にともなう経済的な試算内容の提案は、次のとおりである。

●宅地の区画

一三八二平方メートル（四四九・一五坪）の畑を定期借地権付き住宅にして最も効率よく、しかも美しい街並みを造るため、まず四区画を宅地とする（六区画の宅地を企画することも可能）。開発面積を一〇〇〇平方メートル以下に抑えることによって、指導要綱・届出で許可を受ける。

●定期借地権の保証金

地主が定期借地権の保証料として入手できる金額は、約60坪×28.5万円／坪＝約1,700万円をベースに計算される。中部地区の保証金相場は、地価の一五パーセントで、1,700万円×0.15＝255万円

●地代

年間総地代　1,700万円×2％＝34万円

保証金の運用益　255万円×3％＝76,500円

保証金の運用益を総地代から減額する　34万円－76,500＝263,500円

したがって、月額地代は、二万二〇〇〇円（一区画）、これが四区画で八万八〇〇〇円

年間総地代　一〇五万六〇〇〇円

●固定資産税

定期借地権を利用し、居住用建物が建つことによって六分の一に減額される。しかも、今後税金がアップすることが明白であるので節税し、支出を減らすことが望まれる。

●定期借地権付き住宅地開発による地主の利益

開発提案した地主の利益の内容を、次の六つであると説明した。

①負担の軽減

・固定資産税は六分の一、都市計画税は三分の一になる。
・土地の相続税評価が四〇パーセント安くなる。
・遺産分割がしやすくなる。
・物納も可能になる。
・草刈りなどの手入れから開放される。

②資産活用

・土地の価値が上がる。
・街づくりで社会に貢献できる。

③安定的利用

・アパートや駐車場よりも有利である

④資産の継続保有

・将来的に土地の値上がりした部分（開発利益）は地主のものである。

⑤わずかな事業リスク

・借金をする必要がなく、経営・管理が簡単である。
・五〇年後には土地を必ず戻る。
・道路部分も市に譲渡しないので全体が戻る。

⑥安定収入

・地代が毎月安定しているうえに、定期借地権保証料の運用益が得られる。

ミッションヒルズシーサイド計画概容

地主が建設業者の提案を全面的に受け入れて実行に移されたミッションヒルズシーサイド（三重県津市）の計画概要は、住宅設計の基本コンセプトとその構成内容に基づき、以下のとおりの事業として開発されることになった。

●周辺環境

住宅地は、潮干狩り、海水浴で人気のある御殿場海岸に隣接した海沿いの明るい場所である。近年、付近で宅地造成、分譲が盛んに行われ、住宅が増えてきている。また、大型スーパー等の進出も著しく、買い物の便も良い地域である。交通アクセスは、近鉄津駅まで車で約二〇分、路線バスは本数も多い優れた立地条件にある。

●土地の状況

地主は、現在は勤労者であり、先祖から相続した土地で農業ができない状態にあり、その遊休地の活用をはかる。地主がミッションヒルズシーサイドに踏み切った理由は、以下のような一般的な「地主が借地経営に応じた理由」にそのまま該当するものであった。

地主が借地経営に応じた理由

①仕事をもっているため、農作業ができない。
②子供たちは勤めをもち、農業後継者がいない。
③先祖からの土地なので、手放させない。
④地価評価が上がり、宅地並みの税金がかかってきている。
⑤草刈りの手間が非常に煩わしい。
⑥アパート経営のための借金をしたくない。

ミッションヒルズシーサイドの計画は、最終的に次頁の表の通りの概要として実施された。

物件名	ミッションヒルズ・シーサイド
所在地	三重県津市藤方1861
用途地域	第1種低層住居専用地域
建ぺい率・容積率	60％・100％
設備	公営水道・個別プロパン・個別浄化漕・中部電力
接道	西側公道9.2m
開発面積	928.25㎡（280.8坪）
区画数	4区画67坪2区画62坪2区画
借地権の種類	一般定期借地権
借地期間	50年
保証金	2区画2000万円 2区画220万円
月額地代	2区画23,000円 2区画24,000円
販売方式	借地契約後個別注文住宅
企画事業主	赤塚建設株式会社 代表取締役社長 赤塚高仁
コンサルタント	カメヤグローバル（株）

地主・購入者の声

ミッションヒルズ・シーサイドKと名付けられたこの街の発表会には、二日間で延べ三〇〇名の来場があった。近隣で同日行っていた建売住宅の見学会には、わずか七組の来場しかなかった。しかし、そこの分譲価格は二五〇〇万円程度（五五坪の土地、三〇坪の住宅）である。それに対してミッションヒルズでは、建物だけで三〇〇〇万円である。ミッションヒルズ・シーサイドKのような形で住宅供給がされることで、これほどの需要が顕在化したのである。膨大な潜在的なニーズは間違いなくある。定期借地権付きだからこそ買うのではなく、美しい環境に住みたい。その実現のための道具として定期借地権付きを利用するのである。住宅購入ニーズはあったが、それを顕在化させる方法がなかった。そのニーズをかなえさせるものとして、ミッションヒルズシーサイドは受けとめられた。

《地主　角谷様》

「せっかく土地を活用するなら美しい街を作りたかった。また、私は、人と人との出会いを大切にしたいと考えており、入居者と長きにわたるおつき合いができるのはとてもうれしい。住人と地主と地域の人々。美しい街による素晴らしいコミュニティができたと思う。」

《住宅購入者　教来石様》

「土地を買う予定でいました。でも、土地って高いじゃないですか。土地を買わずに家を建てる方法があると聞いて、それだったら土地を買う分、いい家具を買ったりできるからそのほうがいいと思ったのです。」

《住宅購入者　五明様》

「最初は五〇年後に土地を返さなくてはいけないことが不安であり、借地ということに抵抗がありました。でも、土地付きではこんな素敵な家には住めない。住宅にはとても満足しています。真夏でもエアコンは弱で家中快適だし、遮音性も完璧で、台風の最中外に風が吹いていることも感じないほどです。定期借地権というと、知人も「先を見ている」「先見性がある」と評価してくれます。私も「建物自体にお金をかけられる」と友人たちに勧めています。」

《住宅購入者　早川様》

「海外生活をしていたこともあり、米国のオープンな家が欲しくてモデルハウスを見て回っていた。ミッションヒルズは一目見て気に入った。定期借地権については知っていたわけではないが、説明を受け、自分でも計算してみて土地を持つより利用するほうが有利であることを納得した。これからできる家に大勢の友人を招いてパーティを開いたり、広い庭を活かしての畑作り、広い台所でのケーキ教室など、今から楽しみでしかたがない。」

定期借地権付き住宅に対する関係者の利益

以下に、定期借地権付き住宅を支える地主、住宅建設業者、住宅購入者の三者にとって、この事業がどのような利益をもたらしたかについてまとめてみる。

(1) 地主の利益

・売りたくない、借金して事業はしたくないという問題が解決された。
・負担であった固定資産税が、大幅に軽減された。
・定期収入が安定して入るようになった。
・草刈り等の管理から一切開放された。
・単なる土地地主から美しい街のオーナーとなった。

(2) 住宅建設業者の利益

・借金して土地を購入して分譲するリスクから開放された。
・価格競争のない市場が創造できた。
・一棟当たりの受注額を引き上げることができた。
・地主からの企画コンサルタント料を利用することができた。
・美しい町づくりという社会的な貢献ができた。

(3) 住宅購入者の利益

・土地取得にかかる費用、固定資産税が不要となった。
・建物、庭に費用がかけられるため、グレードの高い住空間が手に入った。
・借金が少なくて済み、生活にゆとりができた。
・教育、レジャーにお金がかけられ、生活の質が豊かになった。
・美しい街並みという環境が、将来的に住宅の価値を高めることになる。

4――定期借地権利用による町づくり（事例二）――じゃぱにーずもだんたうん（諫早土地建物）

新諫早物語の計画の基本コンセプト

この住宅開発（長崎県諫早市）は、カメヤグローバルの定借事業支援を受けて、地元の諫早土地建物が「ジャパニーズ・モダンスタイルの家」というコンセプトを三棟の住宅を連坦して建てることで、町並み形成のデザインを実現したものである。

具体化された四つのテーマ

本プロジェクトは、次の四つのテーマに挑戦したものである。

≪日本の風景画のような街づくり≫

リビングがあっても、やっぱり床に座り、畳にごろ寝でほっとする。
目に見える環境がいくら欧米化されても、心までは変えられない。
もうかっこつけるのはやめよう。
そしてもっと自信を持って日本人として暮らせる住空間を提供しよう。
世界中から尊敬される日本の文化を、家や街に取り戻そう。
美しい風景も、暖かい地域のふれあいも、
自然と共生して暮らす精神も、もともと日本にあったもの。
今の市場で、今の技術で、必ず再生できる。
これからの日本に本当に根付いていく素晴らしい街づくりを。

(1) 日本の自然から生まれた町づくりの発想―風景デザインから街並みを考える

何故、住宅地は日本全国同じような景色になってしまったのだろう。日本には元来、各地に個性あふれる風景があり、それに見合った住空間が存在していた。また日本人は、自然共生発想型の生活ができる民族だった。二一世紀は環境文化・精神文化を取り戻す時代である。二〇世紀が生んだ物質主体の生活にみんな疲れきっている。今こそ、日本人の感性を癒す、日本的精神に立ち返った本当の町づくりを行う。

(2) 日本人を癒すこれからの家づくり・町づくりとは

長屋的井戸端会議ができる街 《環境共生住宅 賑わい・和みのある住空間》

着るものや、食べるものがいくら欧米化しても、毎日の暮らしの習慣や価値観は、老若男女問わず日本的である。ジュウタン敷きのリビングであっても、床に座ってごろ寝したい。このようなライフスタイルが、最も癒されるくつろぎ方・暮らし方と考える人たちの住宅をめざす。変化に富む日本の自然環境に順応する生活、自然と太陽の恵みを最大限に取り入れた家づくりをすることで、ストレスを解消し、心身の癒しにも役立つことになる。

コミュニケーションも、家づくりには欠かせない問題である。ずっと住みたい町だからこそ、隣り近所を含めた幸せをお互いに分かち合える空間としての家づくりとは・・・「じゃぱにーずもだんたうん」では、人々が自然体で暮らせる家・町づくりを行なう。

(3)「じゃぱにーずもだんたうん」を通じて発信される日本回帰の精神と伝統的文化

「じゃぱにーずもだんたうん」の展開は、〝住宅〟売ることだけに止まらず、家具や雑貨にいたるまで和の空間コーディネートのための商品提供や、核家族化によって現代の日本人が失いかけている、古来からの生活密着型祭事の復活・伝統芸能の普及など、多角的にライフスタイル全般を網羅できるよう仕組みづくりを進めている。現在、ほとんど簡略化されてしまった昔ながらの地鎮祭・上棟式なども行えるようにする。

(4)　和風空間住宅　じゃぱにーずもだんたうん

古き良き日本の住空間には、風土から自然に生まれた生活の知恵がたくさん詰まっている。「じゃぱにーずもだんたうん」では、床に座っての暮らしにふさわしい間取りを復活し、土間を現代風にアレンジし、縁側を彷彿とさせるウッドデッキを設け、昔ながらの塗り壁をイメージさせる外壁のコテ仕上げなどを採用する。日本人ならではの、生活の知恵を現代風にアレンジした二一世紀の和風住宅である。

「じゃぱにーずもだんたうん」は、自然に調和した風景デザインに彩られた、その土地でしかできないオリジナル商品を提供している。また、風景デザインとは、町全体の環境と個々の家を美しくグレードアップさるための樹木や花、住宅の外観を中心としたデザインや住む人の生活動線を研究し、どこから見ても美しい街並み・家並みに仕上げる。

「じゃぱにーずもだんたうん」計画概要

新諫早物語（じゃぱにーずもだんたうん）の計画概要として最終的に取りまとめられた内容は、次表のとおりである。

名称	じゃぱにーずもだんたうん
所在地	長崎県諫早市小川町760-8
用途地域	第一種低層住居専用地域
地目	宅地
借地面積	A棟174.13㎡　B170.41㎡　C172.75㎡
借地期間	50年間
敷地所有者	鳥山　直美
建ぺい率・容積率	50％・80％
構造・規模・用途	木造スレート葺・居宅・3棟
予定建物分譲価格	A棟　17,700,000円　B棟17,800,000円　C棟17,900,000円
保証金	1,500,000円　（契約期間満了後に全額を無利息にて返還）
地代	15,000円（1坪300円実測計算、また3年ごとに改定）
建築面積	A棟　71.13㎡　B棟　70.22㎡　C棟　69.76㎡
建築延床面積	A棟　126.76㎡　B棟128.59㎡　C棟　126.76㎡
建築確認番号	A棟　諫土00419号　B棟　諫土00420号　C棟　諫土00421号

管理会社	（株）諫早土地建物
竣工	平成13年10月下旬予定
入居予定	検査終了後引渡し
事業主・売主	（株）諫早土地建物
設計・管理	木寺１級設計事務所
施工	（株）諫早土地建物
コンサルタント	カメヤグローバル㈱

III
わが国の定期借地権と土地制度略史

十一章　定期借地権付き住宅制度関連法

1——定期借地権制度とその実践

日本の現在実施されている「定期借地権付き住宅」制度の基本となっている法律が、民法および借地借家法である。その中で定期借地権を定めた条文をまず明らかにして、法律として予定している定期借地権では、住宅制度がどのような構成になっているかを正しく理解する必要がある。定期借地権制度は借地借家法制定以来一〇年経過し、法律で考えていたことと、実際事業との間にさまざまのずれが生まれている。借地借家法および民法は私法体系であり、制度と実践のずれは、契約自由の原則により修正することは可能である。本章では、現行法に基づく制度とその運用の方向について検討する。

2―借地借家法・定期借地権付き住宅関連条文(抄)

以下に、借地借家法の定期借地権関連条文(抄)の解説・紹介をする。

(1)借地権設定者とは地主のことをいう。

(2)第三条から第八条までは、借地権の存続期間等の規定である。

(3)第九条は、借地権の存続期間等で借地借家法第二章第一節に反する特約で借地権者に不利となるものは無効である。

(4)第一三条は、期間満了の際の借地権者の借地権設定者に対する建物買い取り請求権のことをいう。

(5)第一六条は、借地権の効力に関して、借地借家法第二章第二節に反する特約で借地権者または転借地権者に不利なものは無効である。

(6)第一八条は、借地契約の更新後の借地権者の裁判所に対する建物再築の許可請求権のことをいう。要するに、(1)から(6)までは借地人の権利を守っている規定なのである。

(借地権の存続期間)

第三条　借地権は存続期間は、三〇年とする。ただし、契約でこれより長い期間を定めたときは、その期間とする。

(借地契約の更新後の建物の滅失による解約等)

第八条　契約の更新の後に建物が滅失があった場合においては、借地権者は、地上権の放棄または土地の賃貸借の解約の申入れをすることができる。

二　前項に規定する場合において、借地権者が借地権設定者の承諾を得ないで残存期間を超えて存続すべき建物を築造したときは、借地権設定者は、地上権の消滅の請求または土地の賃貸借の解約の申入れをすることができる。

（強行規定）

第九条　この節の規定に反する特約で借地権者に不利なものは、無効とする。

（建物買取請求権）

第一三条　借地権の存続期間が満了した場合において、契約の更新がないときは、借地権者は、借地権設定者に対し、建物その他借地権者が権原により土地に附属させた物を時価で買い取るべきことを請求することができる。

二　前項の場合において、建物が借地権の存続期間が満了する前に借地権設定者の承諾を得ないで残存期間を超えて存続すべきものとして新たに築造されたものであるときは、裁判所は、借地権設定者の請求により、代金の全部または一部の支払につき相当の期限を許可することができる。

（自己借地権）

第一五条　借地権を設定する場合においては、他の者と共に有することとなるときに限り、借地権設定者が自らその借地権を有することを妨げない。

（強行規定）

第一六条　第一〇条、第一三条及び第一四条の規定に反する特約で借地権または転借地権者に不利なものは、無効とする。

（借地契約の更新後の建物の再築の許可）

第一八条　契約の更新の後において、借地権が残存期間を超えて存続すべき建物を新たに築造することにつきやむを得ない事情があるにもかかわらず、借地権設定者がその建物の築造を承諾しないときは、借地権設定者が地上権の消滅の請求または土地の賃貸借の解約の申入れをすることができない旨を定めた場合を除き、裁判所は、借地権者の申立てにより、借地権設定者の承諾に代わる許可を与えることができる。

（一般定期借地権）

第二二条　存続期間を五〇年以上として借地権を設定する場合においては、第九条及び第一六条の規定にかかわらず、契約の更新（更新の請求及び土地の使用の継続によるものを含む。）及び建物の築造による存続期間の延長がなく、並びに第一三条の規定による買取りの請求をしないこととする旨を定めることができる。この場合においては、その特約は、公正証書による等書面によってしなければならない。

（建物譲渡特約付借地権）

第二三条　借地権を設定する場合においては、第九条の規定にかかわらず、借地権を消滅させるため、その設定後三〇年以上を経過した日に借地権の目的である土地の上の建物を借地権設定者に相当の対価で譲渡する旨を定めることができる。

（事業用借地権）

第二四条　第三条から第八条まで、第一三条及び第一八条の規定は、専ら事業の用に供する建物（居住の用に供するものを除く。）の所有を目的とし、かつ、存続期間を一〇年以上二〇年以下として借地権を設定する場合には、適用しない。

二　前項に規定する借地権の設定を目的とする契約は、公正証書によってしなければならない。

以上、新借地借家法の該当条文を見てきた。この後はさらに、定期借地権契約の内容を分析していこう。

まず、はじめに理解しておかなければならないことは、定期借地権としてそれだけが独立した権利関係があるわけではないということである。定期借地権も、あくまで借地権の一形態としていくつかの根本的なこと以外は、借地権としては旧法借地権や普通借地権と同じであり、民法の原則および新法の共通の規定に従う。借地借家法全体の理解が必要なのである。以下、ポイントごとに見ていくが、ここでは主として法第二二条の住宅のための一般定期借地権について考えてみる。

3――一般定期借地権

目的・期間

借地借家法の条文通り、以下の内容を契約で定めることができる根拠をおいている。しかし、このことは、契約において、以下の内容としない内容とすることを妨げるものではない。

(1) 契約の更新がないこと。
(2) 建物の再築による存続期間の延長がないこと。
(3) 建物の買い取り請求をすることができないこと、が明示されていなければならず、また期間は、五〇年以上である。

地代

地代の設定は、その土地が農地、雑種地のように都市的土地利用ができない状態の素地であるか、または、そこに道路、電気、ガス、水道、下水道などの都市的土地利用ができるような状態になっているかによって相違する。前者であれば、農業的土地利用の場合の地代が適用され、後者であれば、都市的土地利用による地代が適用される。その差は、宅地造成費の利息等に相当するもので、差額地代の根拠となるものである。

都市計画上、定められた土地利用は、借地契約期間に縛られないので、定期借地権の契約期間の満了を待って、土地利用を変更しなければならないことを定めているわけではない。土地利用としては原則的に継続するが、借地契約が満了しているから、その時点で契約更新の手続きが必要となる。契約更新の合意が得られないときは、建築物所有者は、その建物を移築または譲渡することになる。住宅の所有権は借地人のものであるため、建築物を定期借地権満了時にどのようにするかは、借地契約において定めることになる。

神奈川県などでは、都市的土地利用できる住宅地であれば、六〇坪に対して一カ月三万円ほどが相場である。地代は定期借地権保証金とひっくるめて考えられる傾向があり、結果的にみて、地代と保証金の運用益が年間に土地の時価の一～二パーセントぐらいの利回りを得ようとする。当然ながら、地価の高いところではこの合計は高くなり、地価の安いところでは低くなる。

定期借地権の契約書では、最初の地代とともに地代改正方式を明記する。

改正地代＝(従来の支払い地代－前回改定時の公租公課)×変動率＋地代改定時の本件土地にかかる公租公課

この変動率は消費者物価指数の変動率であり、消費者物価指数としては地域別の家賃指数を採用するのが一般的である。改定は三年ごとが普通である。ここまで決めてあっても、さらに地主と借地人の間で地代の増減について争いがある場合には、新法の一般的取扱いに従い、紛争処理として、まず調停に持ち込むことになる。

地代の滞納については、標準的な契約書では三カ月で契約を解除できることになっているが、その場合の法的取扱いは一般的事例に従う。

定期借地権保証金

定期借地権保証金という名称で、実際に、徴収されている費用の実体は、法的な性格はきわめて曖昧で、事実上土地取得に代わって、定期借地権による土地賃借にする制度に応じる権利金のような形で、土地代に代わり支払われている。法的には何等の権利取得の代償ではなく、あえて言えば、歩積み両立てのように、借地人が地主に無利子での資金預託しているものである。しかし、税法上では、地主は無利子資金を四パーセント程度で運用可能であると先験的に決めており、定期借地期間満了まで、仮に五〇年の定期借地権の場合には、次のような扱いとなる。

公示地価Ａ、定期借地権保証金Ｂ（一般にB/A＝0.2～0.3）

地主の所得　$C=B\left(1-\frac{1}{(1+0.04)^{50}}\right)$

地主の所得分に対しては、所得税の対象となる。

神奈川県の例では、六〇坪の土地に対して一五〇〇万円内外である。東京都内ではもう少し高く、埼玉県、千葉県ではもう少し安い。保証金のそもそもの目的は、借地人の地代不払いや土地使用目的違反などによる契約解除のときの損害賠償金の担保、および契約終了時の土地を更地にして返す際に見込まれる費用の担保としてである。また、これら全部に関して訴訟が生じたときの裁判費用で、借地人が敗訴した場合の地主側が費やした経費の担保である。

本来は、保証金をとるならば、その内容を明確に規定して、そのための必要額だけを差し入れさせるべきものであるが、現実には、土地取得に代用する経済的な意味が入っている。このため、保証金の地主サイドの税務上の取扱いは、預り金の性格より、所得として相続税の課税時点で課税対象にされている。また、保証金自体の金額が大きくなるため、借地人に資金の借入が必要となる。金融機関より資金を借入した場合、借地人の破産または建物譲渡にともなう借地権の譲渡など、借地人の変更の際は、金融機関の一部は、ほとんど直接に地主より保証金を回収しようとする傾向がある。

筆者は、定期借地権の一つの問題点は保証金だと考えている。そもそも定期借地権は、正常な土地の賃貸借が成立しなくなったため、それを取り戻すために出てきた制度である。この新しく出てきた制度に、元の旧来の借地権にともなう権利金と似た性格をもつ保証金を絡ませるのは、いたずらにシステムを複雑にするだけで有害である。

地主が一定の土地の利回りを求めるなら、それは地代に反映させればよく、経済的な意味での保証金を取る必要はない。本来の趣旨の保証金ならば、それは地代の滞納に対する保証で六カ月程度の地代が限度であり、現状より相当に小額になる。

譲渡・転貸

定期借地権付き住宅の譲渡・転貸については、特段の法的規定はないので、借地契約として、その内容について具体的に決めることが必要とされている。定期借地権の借地人が、自己保有の建物を第三者に売却しようとするときは、借地権については、譲渡か、転貸かになる。これを地主の側から見れば、土地を貸す相手が自分の知らない人間になるので愉快ではない。

当然のことながら、転貸の場合、まず民法によって地主の承諾が必要となる。しかしながら、借地借家法の一般規定において、その譲渡や転貸が地主の不利にならないにもかかわらず、地主が承諾しないときは、借地人はその承諾に代わる許可を裁判所に求めることができる。

増改築・再築

定期借地権を設定した土地利用については、地主は借地人に対して、その住宅地としての不動産価値を損なわないように、アーキテキチュラルデザインコード（建築指針）によって、その土地に建てられる住宅の形態、位置、意匠等について守るべき基準を明らかにして、借地契約を結ぶ必要がある。この空間の維持管理がしっかりされないと住宅地は不良化する。

定期借地権は、建物がどんなに立派に残っていても期限がくれば契約は終了し、基本は地主が建物は買い取らないのであるから、その契約期間中に借地人が何を増改築しようが、再築しようが、地主との関係としてはそれらの行為は地主とまったく関係ない。しかし、一般的には一応、定期借地権契約において借地人は、増改築・再築に際し、事前に地主に通知することにしている。地主が格別の不利益がないにもかかわらず、異義を述べたときは、借地人は借地借家法の一般規定に従って裁判所に許可を求めることができる。

また、借地人による無断の増改築の場合にも、法律の表面からは契約違反による地主による借地契約の解除となりそうであるが、これは旧借地法の下でも判例により、その増改築が借地人の土地の通常の利用上相当であり、地主との信頼関係を破壊するとは言えないときは、地主は解除権を行使することはできないとされている。

原状回復

現行の借地借家法では、その立法趣旨の説明として、借地期間の満了日までに、借地人は地主に対してその土地に建てられた建物を除去して、更地として戻すべきことを前提して法律がつくられていると説明されてきた。この「借地権の期間満了、その他の契約終了のときは、借地人はその土地の上に存する建物を撤去し、土地を元の状態に戻して返還しなければならない。」という説明は、借地借家法には書いていないが、第二二条の意味および民法の原則から出てくると説明される立法趣旨であって、法律で定めている実体規定ではない。法律では、第二二条で借地人の不動産を地主に対し「買い取り請求をしないこととする旨、定めることができる」と規定し、定期借地権としては、原状回復するように、当事者間で決めることができると定めているだけである。

つまり、法律では、トラブルを避けるため、必ず定期借地権契約書にはこれを明記するという規定がおかれることになったもので、原状回復を定めているものではない。地主は、都市計画として定められた内容の範囲でしか土地利用は認められない。都市計画上、適当であると定められた土地利用は、土地の所有や賃貸借の関係には縛られない。借地期間が満了しても、その土地に適した土地利用は継続することが都市としては必要であり、賃貸借関係は、こういう観点からすれば原則的にそこで更新されるべきという議論もある。土地賃貸借当事者にとって、契約を更新できない正当な事由がある場合には、契約関係はなくなることになるので、借地人はその土地から建築物という不動産の移設または取壊しが必要となる。

もし正常な借地権が失効した場合には、借地人はその土地を原状回復して返還することは、法律論としては当然のことである。一般論として無用な社会的ロスを避けるならば、定期借地権においては、その契約期間に対応した耐用年数をもつ建物以外は建てさせるべきではない。本来は、借地と建物と一体に考えるならば、契約期間の後半に建物が滅失などしたときは、その時点で契約を終了させるべきものと考えている。その場合、定期借地権は、一定の建物に使うための土地利用の権利とするものである。

この点に関して、借地権消滅時における地主と借地人との間の利害調整の必要性を、定期借地権についても唱える者があるが、その必要はない。その理由は、定期借地権は従来の旧法借地権を補ったり補完するものとして、その同一線上に現れたのではなく、それとはまったく逆に、従来の旧法借地権の弊害があまりにも大きすぎるため、それを取り除くものとして現れてきたからである。一部の人々は、今もって慣れ親しんだ旧法のものの考え方から抜けきれず、また借地人も土地の価格上昇のメリットを受けるべきと考え、同時に借地人が契約終了の際に建物を持っているならば、これを取り壊す借地人の不利益を地主が補うべきだと考えているから、上記のような意見が出てくるのである。

しかしながら、定期借地権を、借地期間に限定した土地の使用一般の考え方として処理し、借地期間満了時に土地を戻せとする考え方は、法律の論理としては矛盾のない考え方であっても、借地上に半永久的な建築物が、都市の構成要素の一つとして建設されるという建築物の性格を考えた土地の使用という借地権の場合、借地契約の満了と建築物の除却・撤去とは、必ずしも同義とすることには論理的に矛盾する。借地権および建物の都市計画的意義と私法的意義が矛盾するわけだが、そういう意味での矛盾の調整が図られる必要はある。つまり、借地権が消滅しても、建築物は存置し、その建築物の権限の取扱いについては、地主および借地人の当事者間の協議で決めることが必要とされる。その協議は、当初の借地契約時であるか、その後であるかは問わないと考えることもできる。

4——定期借地権のメリット

借地人のメリット（米国の例を見ながら）

米国の若者は、就職後または結婚後、一定の時に住宅を購入するが、これは二〇〇～三〇〇坪の土地付き一五〇平方メートル程度、いわゆるスターターハウス（一次取得者向住宅）と言われているもので、価格は一五〇〇万円ほどである。この内訳は、大都市の郊外で、土地部分が約二割、上物が残り八割である。米国の住宅価格のほとんどは建物なのである。資金は銀行と交渉し、うまくいけば全額融資を受ける。この住宅で人々がより豊かな生活を享受するために、一生懸命に手入れをする。庭の植栽の手入れや建物の維持もするが、人々のライフスタイルの変化や嗜好に合わせてリモデリングをして、新機能の追加や省エネ対策などのための性能アップにも投資する。

この努力の結果、彼の住宅価格は、年月の経つとともにむしろ増加する。戦後のレビットタウンの例に倣った、人々のライフステージに対応して、費用対効果を最大にした住宅地では、ライフステージの変化の節目が、子供の成長とともに、未就学・幼稚園、小学校、中学校・高校、大学・社会人と六年ごとに変化するため、人々の住み替えは六～七年ごとに行われる。その間、親の職業や職業上の地位も上がり、住宅取得能力の向上によってよりよい住宅へと住み替えるため、統計上も平均七年ほどで住宅は売却される。

いろいろな条件によるが、二〇〇〇万円ほどで売却できる。ここで得た五〇〇万円は彼の純財産で、これを次の住宅購入の頭金として、よりよい住宅に住み替わる。この場合はその分だけ借り入れが減るわけである。家族が増えていたり、あるいは会社で出世していたりしたときは、ここで二五〇〇万円ほどの住宅を購入する。これを再び自分の生活を豊かにするよう懸命に手入れして、また七年ほどで売却する。そのときは住宅価格はさらに上昇し三〇〇〇万円で売れる。このように、持家居住者は、一四年で自分の住んでいる家だけで一〇〇〇万円の資産を作り、加えて広い家で快適な生活を送っている。おまけに家を売れば借金を全部返せるので、いつでも違う土地の会社にでも転職できる。そこでまた同じように融資を受けて家を買えばよい。

米国では、既存住宅が年平均六・五パーセントで値上りしており、かつ個人の資産形成の四〇パーセントが持家保有によって実現できている。土地の値段は土地が熟成するにつれ上昇し、住宅所有者はその開発利益を手に入れる。そのため米国では定期借地ではなく持地になっているが、住宅地全体の不動産価値を守るために、HOAが法人格をもって、各持家との間で土地利用について厳しい維持管理を実施している。その点でHOAは定期借地の地主と同じ役割を果たしている。

米国では、土地利用において、住宅用土地利用と非住宅用土地利用の競合が発生しないようにしてあることと、同じ住宅地について、シングルファミリーハウス（各住戸が土地専用利用住宅）とマルチファミリーハウス（土地共用利用共同住宅）ということに明確に区分されている。そのため、家計支出で支払われる住宅費という範囲で、土地代が制限されるため、住宅地価がその枠に抑えられている。新聞等での「日本からの米国の不動産投資の失敗」と言われているものの大多数は、大都市のビル経営に失敗した商業用不動産への投資の失敗のことであって、住宅への投資ではない。

これを支えているのは、安定した低い土地の価格と、住宅に対するものの考え方の違いおよび高度に完成された既存住宅市場である。米国人は住宅で財産を作る。日本人は住宅で苦しめられる。特にバブル崩壊過程の現在は、その感が深い。こういう事実と定期借地権住宅の意味との関わりを、借地人のメリットの側面から考えてみる必要がある。バブル崩壊の過程が住宅地に関してもまだ完了してないわが国において、つまり、住宅地価が依然高水準におかれている状態にあって、定期借地権付き住宅が住宅負担軽減上の役割を果たすことはきわめて明瞭である。

地主のメリット

農民にとっては土地が命である。また、大都市の地主にとって、土地は重要な生産手段である。農民が土地を失ったら農民ではないし、地主が土地を失ったら地主ではない。土地のサラリーマンにとってのもつ意味と、農民や地主にとっての土地のもつ意味とは相当に違う。土地を売って現金にして当初は喜んでいても、その金で新しい仕事など簡単にうまくいくわけはないし、また、株に投資すれば大体は全部なくなる。あれだけの多くの証券会社の職員の給料は、基本的に株式取扱い手数料から生れ、それと同時に、相当の部分が取引きで利益をあげた者の所得税や証券会社の法人税の形で税金としてもって行かれる。

農民や地主は土地を活用して生活をしている。この人々にとって、土地を手放さないで収益をあげることができる定期借地権の効果は絶大である。旧借地法の改正は、農民や地主の権利を守るためであり、安心して借地の供給をできるようにしたのである。加えて、地主にとって住宅目的の定期借地権で運用すれば、固定資産税は六分の一にまた、都市計画税は三分の一となる。地主にとっての底地の相続税法上の評価が問題になっているのであるが、まだ不十分であるが通達の改正によって多少改善され、現在のその土地の更地状態に対して、底地権相当分の路線価の六割前後に対して相続税が課税される。

一部に、五〇年以上の期間の定借に土地を提供することは、その土地の利用価値を五〇年以上にわたり放棄することであり、その間に土地の価値が大幅に上がったら馬鹿を見るというものがあるが、はたして現在の形勢はそのように動いているであろうか。

一方では、世界の食糧生産、日本の農業の問題がある。農業生産を高めるためには土地が必要である。しかし、世界の農産物価格に対抗していくためには、大規模化が必要であり、農地の再編成が必要である。土地は基本的に余剰傾向が続き、価格は下落の方向に向かい、現時点で契約できる地代は、長い目でみて地主にプラスである。取りあえず、今言えることは、地主は土地を定期借地権に提供して、安定的な収入を確保し、もしどうしても金が必要になったら、そのときに底地を借地人に対して売却交渉し、または市場での底地の売却を考えればよいのではないか。

十二章　定期借地権と土地問題の史的考察

今、わが国の多くの国民は大変に苦しい状況のもとにおかれている。バブルの崩壊とその後の長い不況にともなう収入の減少や失業・リストラの直撃、これらに加えて生計にのしかかる住宅ローンの重圧である。

わが国の場合、そういう本質的なものと、住宅・土地制度の不備とが重なり合い、非常なシビアな形で国民、特に都市の住民を苦しめている。これを解決するべく、住宅に関しては、サスティナブルハウス運動、土地に関しては定期借地権運動、中古住宅流通市場運動などが始まっている。これらの問題は、大変に複雑ないろいろな要素を含んでおり、その問題分析の道筋すら単純ではない。

筆者はそういう手法の一つとして、土地の問題を歴史的観点から振り返り、どのような過程を経て、一定の者が土地の権利者となり、その政策決定が、その後の日本社会にどのような影響を与えてきたか、そしてその民族の知恵と英知から学んだものを、現在の漂流する都市的土地問題にどう生かすかを考えてみたい。

1――日本の土地所有権の成立

土地利用と土地支配の関係

土地の重要度は時代を遡るほど大きい。古代においては農業が主要な産業であり、これはすべて優良な農地の確保にかかっている。権力を支える源は経済力であり、経済力イコール土地や山林の支配である。土地とそこに付属する人民の獲得をめぐり権力同士の抗争がおこり、勝った者はますます広大な農地を支配する。土地の権利者は強い武力をもち、土地の利用形態の一つである農業的土地利用は、そもそも深く政治と結びついている。

この後、商業・工業の発達により都市的土地利用が発生する。しかし、同じ土地であっても、都市的土地利用のほうが、高い経済生産性を実現できるため、土地利用は、都市的土地利用に移行する。都市的土地利用と農業的土地利用は、産業活動の相違であって、農業的土地利用の上に立つ権利構成や支配の論理は、都市的土地利用と共通したところがある。

古代の土地所有

文化的にも軍事技術的にも、圧倒的に優秀な一群の人々が、三世紀ごろ日本列島で権力を握り始めた。その人々は、順次、西から当時の百余に分かれて分裂抗争していた部族を征服して、大和朝廷を成立させた。朝廷と中央貴族は軍事集団であり、国中の土地とその部族をまとめて支配下においた。この後、一時的に全国土の朝廷保有などの形態を得るが、中央の軍事集団の陣容は変わらない。やがて再び分割が進行し、朝廷の直轄領、貴族や宗教的権威のもつ荘園が成立する。国内制覇を達成した人々は、華やかな貴族文化を開花させ、制覇が達成された後は中央に強力な常備軍はいらず、一部は、関東や奥羽に屯田兵として展開し、国防と開墾を兼ねる。源氏や平氏の武士団の発生である。荘園内部でも、管理人としての武士が、地元調達などで発生してくる。しかしながら、この段階では、まだまだ強力な力を誇る中央で、荘園の分割や譲渡が決められ、武士を含むそこで働く人々は土地の一部とみなされ、その存在は認識されなかった。

鎌倉期の展開

日本の土地支配形態は、鎌倉期に入ると大きく変化の様相を見せ始める。状況を変えていったのが、新興の武士集団たる鎌倉幕府の御家人達である。頼朝は御家人を使い、全国に守護、地頭を配し、警察権と徴税権を行使し、貴族の荘園を侵食していった。それまで中央貴族の荘園の付属物のように扱われていた地元の武士達が、鎌倉幕府の統括権を背景に、土地に対する正当なる支配権を実行したのである。御家人相互の利害対立は激しく『吾妻鏡』などによると、実際に武士の棟梁である頼朝の仕事の重要なものとして、御家人間の土地争いに対する紛争処理があった。

土地の支配権を拡大していったのは、徴税権をもつ地頭、地元警察権を握る有力武士および有力農民たる名主たちである。地頭は、一方で、中央貴族の荘園の管理請負人としての役割をもっていたが、一方で自分の領有地を持とうとしていた。有力武士や名主たちもこの動きの中で、いろいろな形式をふみながら、自分たちの土地に対する権利を主張していった。

室町期における「村」の成立

足利将軍により任命された守護たちは、当初は鎌倉時代と同じく、その地の治安、警察を司る軍事長官だった。守護は荘園を侵食し、自分のための徴税権を擁立していった。一方で国人と呼ばれる地侍、土豪の力も拡大し、領国内部はこの両勢力の対立で緊張していった。

国人連合の権利主張は、守護の排斥で、播磨の守護赤松氏の例に見るように、大規模な土一揆となって爆発した。国人は農民の統率者であり、中央からは全体が農民と見られていた。領国内は守護の土地、貴族や寺社の荘園の土地、守護の部下の有力武士の土地、国人の土地、名主の土地と入り乱れて混沌たる有様であった。これらの下に従属する小農民や土地を持たない小作人がいた。応仁の乱で対立した東西の両陣営は、相手方の守護の部下の武士たちを、その主君より離反させるべく、盛んに扇動や活動支援をした。ここより、下克上の風潮が生まれ、多くの守護大名が没落した。

新しくのし上がってきた戦国大名たちは、自領を独立国となし、自分を支えてくれる地侍や、名主の権利は尊重し、中央貴族の荘園などは認めなかった。ここに農村は大きく変わり、荘園の境により分割されていた農村の生活範囲が、地理的条件により一塊となる「村」単位で行動する郷村制ができてきた。「村」は、名主や有力農民たちによる自治組織の性格を帯びてきた。この場合、領主に対する交渉や貢納は、名主や有力農民が村を代表したが、中下層農民の土地に対する所有権、支配権は未だ曖昧だった。

太閤検地の意味

土地の支配、所有形態に決定的に影響したのは、太閤検地である。検地は、土地の一筆毎の大きさを測り、納税額を決め、負担する名請け人を決め、土地台帳に記入することで、戦国後期の大名たちによって広く行われた。検地は、自国の経済力を正確に知り、納税を促進するためである。検地で名請け人となること、つまり、自分の名前で納税義務を負うことは、その土地に対する自分の権利を主張できることに他ならない。検地帳には土地の名請け人として、名主や有力農民のみではなく、明らかな小作人は別として、土地を占有して耕している中下層農民のすべてが記載された。この記載のしかたに対し、上層農民からの相当な抵抗があったが、秀吉は妥協を認めなかった。

秀吉は新規の占領地で、常に徹底的な検地を行った。これは新占領地における既存の農村の旧来の支配関係を突き崩し、新しい、より平等な形での「郷村」つまり村落共同体を作っていった。秀吉の検地において、日本の大部分を占める農村において、より平等な社会が形成され、ここに貯えられたエネルギーが、明治以降の近代日本を作る原動力になったと考える。同時に、土地政策はそれほど重要なものでもある。

太閤検地は、もう一つ重要な意味をもっていた。それは従来の農民でもあった下級武士が完全に農村から分離され、武士団を構成する俸禄生活者となったことである。土地に対する権利が、徴税権をもつ領主と、耕作権をもつ一人一人の農民という形で単純化されてきた。わかりやすく言うと、領主以外の武士は、土地に対する権利を失った。こういう領主と農民による土地に対する共同的な支配を、封建的土地所有関係という。

江戸時代の発展

土地所有制度および農村自治を意味する郷村制は、江戸時代に入るとますます発展し、社会の確固たる基盤となった。農村の土地台帳という意味で、徳川幕府は太閤検地を維持し発展させた。江戸時代の農村は、領主の代理人たる代官―土地を持っている本百姓―土地を持たない水呑み百姓、という単純な図式である。幕府成立のころは進取の気運がみなぎり、新田開発も盛んに行われて、農地は飛躍的に拡大して本百姓が増えていった。

農業が発達すると、国の経済基盤が拡大し、他産業が発展する。大阪、江戸の大消費地向けのさまざまな商品が作られる。なかでも重要なのは、近畿地方を中心に行われた綿花栽培と綿織物産業だった。商品流通は農村にも影響し、貨幣経済が農村に入ってきた。商人の一部は、商品流通で儲けた資金を金貸業として使うようになる。これらの商人は農村と一体になった米商人、油商人、菜種商人、呉服商人などである。これらの商人が農民に金を貸し、返済できない者は小作人に転落する。こうして農村には従来はなかった新しい階級―地主階級が発生する。

江戸時代も中期以降になると、表面的には農地の売買は永代売買禁止令ということで禁止されていたが、実質的にはこのような質流れ、抵当流れで売買されていった。地主および本百姓の土地に対する権利は、近代的な意味における完全な所有権ではなく、あくまでも領主と一体になった封建的土地所有関係における支配権であった。

明治政府による驚くべき恩賜

明治に入り、明治政府の財政基盤である租税の中心が、地租に依存せざるを得なかったことから、土地所有制度上の大事件が起きた。江戸時代の封建的性格を内包した土地支配権が、地租改正により、地券が交付されることによって、近代的な意味における所有権に変わった。このことは、実態的には明治政府による地主および自作農たちが、実質的には土地を保有しているという現状追認だった。そして、本来は封建的土地所有関係として、領主と一体として保有していたはずの土地について、領主およびそれを支える武士団が、明治政府の力により駆逐され、結果として完全な所有権を得た。日本の現在の地主たちは、こういうプロセスを経て土地の所有権を得たのである。

近代における更なる出来事

第二次世界大戦後の占領軍による民主化は、旧来の農地所有を崩壊させ、農業に実際に携わる人に農地を所有させる農地の民主化、すなわち、農地解放である。明治政府により近代的所有権に基づく地主となり、その一部が不在地主となっていたものが、占領軍権力によって不在地主を消滅させ、代わって小作人層に土地が与えられ、新階層が創出された。農地解放により、農業経営者として農地を所有することになった人々の多くは、その後の農業構造改善策や都市化する過程で、農業経営をやめ、農地開放で得た農地を、都市的土地利用に変換し、膨大な利益を手にしたのである。

農地利用を目的として農地改革が行われたわけであるから、大都市のサラリーマンたちは、これらの人々が農地の保有者として存在するならまだしも、宅地の所有者としての出現には必ずしも納得していない。権利の発生に対し、何か割り切れない不明瞭なものを感じているのも、また事実である。農業構造改善や都市化という社会的経済的関係の中で、農業的土地利用が都市的土地利用に転換せざるを得なかったという土地利用の問題と、その土地所有権の関係として、一方が変化したにもかかわらず、他方は変化していなかったのである。

2—日本の借地権制度の変遷と論点

明治における借地権制度の発展

当時、日本の法学者たちは、フランスやドイツの不動産の所有形態を研究していた。そこでの特徴的なことは、これらの国々において、建物は基本的に土地の一部であり、それらは一体として一つの権利を発生させるということであった。この制度をそのまま日本に入れることが議論されたが、結果として、日本の国情に合わせる形で、建物に対する権利と土地に対する権利が別々に作られた。

このときの判断が、先々日本の複雑な借地権制度を不可避にした根本原因だという学者もいる。フランス流の考えだと借地権という考え方が発生しない。日本では土地と建物を分けたので、その所有者が別れるときに借地権が必要である。この借地権を作るにあたって、立法者は地上権と賃借権を作った。

地上権は、今日では定期所有権ともいわれ、その設定契約において、長期の設定期間中の地代を権利金としてまとめて払い、その代わりに、その期間中、地主は借地人の行動に対して、ほとんど何も言えないというような権利である。そして、借地上に建築された建物が滅失しても借地権は滅失しない。賃借権は、主として短期の土地の賃借契約により生じる土地使用の債権である。立法者は建物の所有に対しては地上権が使われ、農業に関して賃借権が使われることを想定していたと言われている。

ところが明治の近代国家の発展により、東京や大阪などの大都市への人口流入が続き、土地の需要が高まり、土地は売手市場として地主有利となり、建物の所有を目的とする借地権では、主として賃借権が使われた。地主となっていく者は、大都市の近郊では、元は農業を行っており地租改正により近代的な土地の権利を得た人々である。

借地人のほうは、そもそも短期の農業用として考えられた賃借権で建物を保有するのだから、そもそも足元がぐらぐらしている。この不安が、日露戦争時の好景気で現実のものとなった。住宅や工場用地の需要で土地の値段が急騰し、地主は建物の建っている底地をどんどん売ってしまった。買い手は善意の第三者として完全な所有権を取得したのであり、また借地人とはなんの関係もない。〝売買は賃貸借を破る〟という法律学の原理が適用され、借地人は建物を壊さねばならなかった。これをまるで地震がきたように建物を壊すという意味で〝地震売買〟と言われた。

この惨状を見て政府も放っておけなくなり、明治四二年に建物保護法が制定された。つまり、借地権があるかぎり、建物を登記すれば、その借地権は土地を購入した第三者に対抗できるということになった。しかし、短期間の賃貸借では、期間満了により同じことになる。そこで大正一〇年に借地法が制定され、建物保有目的の借地権は、最低二〇年とされることになった。

少しずつ借地人の立場が強化されていくが、この辺まではまだ合理的なものであった。世界恐慌を経て、日本経済も立ち行かなくなったころ、借地法制定にともない期間二〇年とされた借地権の期限が近づいていた。兵隊を戦場に送り出した銃後の家族に不安があってはならない。こういう意味で、戦時中の立法として借地人を守るため（借地人保護を通じて借家人保護の意図もあったのだが）契約期間満了の際に、地主の側に土地を明け渡すことを請求する正当な事由がないかぎり、契約の更新を拒めないことになった。

こうして、土地は事実上、地主のほうには返らなくなった。これは統制経済政策の一環として実施されたもので、戦争中ならば兵力動員としての意味はあったが、平和時であればまったく不合理なことである。

戦後の借地制度

この戦争中に挿入された旧借地法第四条および第六条の借地契約更新の際に、地主の側に自己使用などの正当な事由がなければ、更新を拒絶できないという条項は、もとより地主の反対を押し切って成立した条項である。そもそも大正一〇年の借地法の場合は、契約満了で地主が更新を欲しないときは、建物をその物理的な建物価格で買い取って契約を終了させられた。戦時景気で地価が上がったため多くの地主は更新を欲しなかったのである。

終戦後、このような戦時立法は、直ちにより改善された形に改められねばならなかった。しかし、当時の政府はそれどころではなかった。住宅事情は圧倒的な住宅難で、都市への人口流入を制御し、地代家賃統制令はその後高度経済時代まで存続していたように、統制経済が継承されていた。戦後復興から高度成長へと都市化が急速に進んだため、住宅事情は圧倒的に売り手市場であったため、借地人借家人は弱者として社会的に保護が求められていた。

戦後の初期の住宅政策は、絶対的な都市における住宅不足に対処するため、いかにしてより多く公営の住宅を提供するかということに集中している。また、民間でも借地法の正当事由の異常さは、住宅事情が悪化してきたため、借地人借家人保護により優先度がおかれていて、社会問題化されず、昭和三〇年ほどまでは、借地の正常な提供はあったとされている。土地の売り手市場は、新規の借地借家にあたっては、権利金、敷金、礼金等の名を使って不当な金を取り上げることも頻発し、正当事由で泣く地主家主がある反面、不当地主家主に悩まされる借地人借家人も多数あった。

昭和三〇年代の後半になると、権利金などのない、いわゆる正常な土地の賃貸借はほとんど出なくなった。借地法の異常さのために、正常な土地の賃貸借契約ができないという面だけではなく、地価が騰貴し始めたため、売買益に社会の関心が移り、不動産売買取引が、売り手、買い手双方にとって大きな利益をもたらすことになった。人々は、土地を活用するためには、売買による売却益と取得者は開発利益を期待するようになった。都市化を背景に、需要と供給の落差を反映して土地の値段は上がっていった。

新借地借家法の成立

戦後政府の法制審議会では、我妻東大教授などを中心にいろいろと議論されていたが、立法としては不完全なものに留まった。この時以来、学者の間では更なる改正への議論が継続されたが、それは既存の制度を前提として、地主と借地人との関係をより明確化させることであった。当時、まだ正当な借地権が存在しないことによる経済社会の矛盾が、一方では土地の価格が上昇していたにもかかわらず、それ程までに顕在化していなかった。

この後の二度にわたるオイルショックと日本経済の高度成長により事情は一変する。経済の発展と所得の増大による商業地や住宅地への需要の増加は、わが国に正常な借地権が成立できないことも、その大きな理由である供給不足に遭遇し、地価はどんどん上がっていった。このような状況に対処するために、昭和六〇年に再度法制審議会において、借地法・借家法の改正の議論が開始された。

約六年間の各界との議論を経て、平成三年新借地借家法は成立した。この法律の目玉は、旧来の制度を引き継ぐ普通借地権の更新期間の短縮と正当事由の明確化があるが、なんといっても定期借地権の創設である。そしてこれは、少なくとも立法過程に参画した人々の意識の上では、明確に借地の供給を増大させようという意志があった。皮肉なことに、このときすでに日本の土地制度はその矛盾の頂点に達し、バブルはすでに崩壊の過程に入っていた。ある意味では定期借地権は、地価抑制には間に合わなかったのである。

定期借地権に関しては、この制度がまだ新しいせいもあってか、いろいろな議論がある。その一つが、「いくら定期借地権などと言っても一度貸してしまったらやはり元と同じくもう土地は返ってこないのではないか」という、一部の地主の気持ちである。これは、将来に再び借地人に有利な立法があるかもしれないという予感に裏付けられている。昭和一六年の正当事由制度の導入および戦後の土地の値上がりと、その大部分は借地人に持っていかれてしまったという思いが未だ強いのであろう。

また、戦後の裁判官達は、不当なまでに地主の正当事由を深く解釈し、借地人の横暴を許してきた。私は、こういう一連のことすべてが絡んで、日本の土地の異常事態を作り上げてきたと思っている。

3—これからの定期借地権開発

バブルもピークを過ぎて地価が下落しそうな頃、筆者は、国際金融の仕事からこの不動産に関する世界に入ってきた。当時、大都市とその周辺における土地の価格は凄まじいものであった。筆者が住んでいた神奈川県でも、自分の猫の額ほどの土地でも一坪あたり一五〇万円から二〇〇万円の価格で、一戸に六〇坪必要であるとすれば、土地だけで一億円にもなってしまう。土地を持っている農家の経済力と、地方から出てきたサラリーマンの経済力とでは、まさに天と地の差があった。

わが国の農業的土地利用の権利関係は、常に第一線の生産者が優先して考えられていた。その結果、農業生産の拡大および社会における平等の観念の形成に大いに貢献してきた。土地の権利関係は昔から常に下剋上という〃粘り〃のある社会の力が働き、わが国を西欧と遜色のない近代文明国家にしてきた。江戸幕府においても、土地を財産または資産と考えたことはなく、常に入会地のような生産の手段、最適な利用関係をと考えてきた。この傾向は戦前の政府においても変わらず、このことは借地権のいきさつにも反映されている。

現在わが国は急速に力を失い、不況も深刻化している。これは日本社会が大きな負の遺産を抱えてしまったからである。負の遺産とは、土地信用膨張の上で実施された公共事業と混合用途地域の下で商業・業務に牽引された住宅地の地価である。直接・間接を問わず、人々の生活は常に高い公共事業費の負担を背負わされ、その分だけ社会はより高い製品を作らされてきた。国民の力が公共事業により吸い取られている。高地価のため年収の五倍や八倍の住宅を買わされるサラリーマンは、毎年大きな返済を余儀なくされ、その分だけ消費は圧縮し、経済全体は停滞する。

高地価という負の資産を放置してきた理由は、土地を〃投機資産〃と先験的に見なしてきたためである。住宅の場合も公共事業の場合も、事業費の相当部分は用地購入費に充てられる。経済学的に再生産構造に乗らない土地を商品と同一視する土地の物神化、金額化が諸悪の根源である。地価が経済活動の前提におかれ、土地の売買による収益採算を前提にすれば、地価の高騰そのものが価値を生んだことになり、すべて架空な、つまりバブルが生まれる。

わが国の金融機関は未だに土地の神話から抜け出せず、融資の際も土地価格の担保価値を前提に考えている。経営を評価しない融資が実行され、そして銀行経営自体が停滞し、海外の金融機関に差をあけられる。土地は、所有権もまた、社会全体の生産のために規制されるべきという根本が忘れられている。

土地はその利用すべき者が最適な価格で利用して、初めて全体社会の効率化に役立つ。本来都市計画が正しく行われるべきところである。「定期借地権」がでて、地主がその土地の借地期間にわたって、土地利用を確実に守ることが当面直接的な問題解決手段となっている。

これは住宅を建てる人にとっても、地主にとってもメリットがある。先祖伝来の農業をすべき土地を売れば膨大な税金がかかり、保有しようとすれば固定資産税を吸い上げられる。地主が土地を売ったら地主ではない。地価下落で新設アパートであるほど低家賃化してそのアパートにテナントが奪われ、ローン返済不能になれば不動産は差し押えられ、これはもう生存の危機である。

住宅需要者にとって地価下落傾向はメリットである。不適当な保証金がなくなる定期借地権が実現し、国民の住宅要求は顕在化し宅地需要は増大する。そして、地主が土地活用により社会の求めている役割を果たすことができるようになった。

現実に定期借地権はなかなか普及しないもう一つの理由は、大多数の銀行が定期借地権住宅に対するローンに難色を示していることである。住宅金融公庫だけは定借住宅にローンを開始しているが、そのローン比率も引き下げられる傾向にある。

銀行が定期借地権住宅に対して貸さない理由は、必ず借入れ人の破綻事故を想定しているためである。定期借地権の場合には、土地（物権）に対する権利はないため、借入れ人破綻の場合は、定期借地権住宅が売却できないと考えるためである。借入れ人破綻の場合は、銀行はお手上げになると考えているのである。

定期借地権住宅の場合は、たとえ購入希望者がいたとしても、その人に対して他の銀行も貸さないだろうから、結局金融がつかず、その購入希望者もその破綻物件を購入できないだろうという自己撞着に陥っている。これを打開するための基本的な対策として、定期借地権住宅は、市場で売手市場となれる高い効用を具備した住宅と住宅環境を実現し、維持することによって、第二次取得者にとって非常に魅力あるものにすることである。定期借地権開発では、地主の意識と方針が重要な役割を果たす。

この定期借地権付き住宅として開発した住宅の不動産価値が維持されるためには、住宅地価が商業・業務に乱されない都市計画および住宅地管理についての地域管理のルールが、社会的に整備されなければならない。

あとがき

定期借地権付き住宅地開発は、地主の税を含む土地管理費負担の軽減対策として、住宅建設業者やデベロッパーによって取り組まれてきた。本書の中で、第Ⅱ部の七章から九章を担当した大熊繁紀のように、税理士が取り組んだ例は珍しい。税理士は地主の立場に立って、資産の正しい管理を税の立場から行う者で、税に関する「地主の侍医」の役割を果たしてきた。

実は、本書の執筆にあたって、住宅生産性研究会としての視点は、地主の立場に立って、恒久的な資産管理を実現するうえに、借地持家による住宅地がいかに適当な方法であるかを、税理士の視点で見ることが重要であると考えたからである。多くの住宅産業から地主に提案される定期借地権利用は、悪く言えば、住宅産業やデベロッパーの金儲けの手段として、地主の弱みにつけ込んで土地を使ってやろうとするだけのものである。悪質な宅地建物取引業者が、その間に入って「濡れ手に粟」するだけの口利きに奔走している。定期借地事業は、宅地建物取引業者、デベロッパー、住宅建設業者だけが金儲けをして、結果的には、地主も住宅購入した持家取得者も損をしている例が多数存在している。

デベロッパーや住宅建設業者による定期借地事業の取組みは、高い地価負担を借地にすることで安くして、住宅を購入しやすくすることのみに関心が向かい、売ってしまえば、あとは知らぬ、という売り逃げの立場を越えていないという点である。その頭金や販売価格は、持地持家の場合より安くなっているので、購入者もホッとしていることで、満足しているとの勘違いがある。その失敗は、やがて住宅を処分しなければならないとなったときにわかることが多い。

このような無責任なデベロッパー、ハウスメーカーやビルダーが横行している中で、第Ⅱ部十章を担当した小山茂雄・速水英雄は、定期借地権制度の発足当時より、一貫して、不動産価値を高めるための住宅を、購入者の住宅費負担能力の範囲で供給するために努力してきた数少ない住宅建設業者である。住宅生産性研究会では、執筆者の宅地建物取引業者としての豊かな経験のうえに、住宅フランチャイズ事業に取り組み、住宅を不動産の資産価値という視点で真面目に取り組んできた経験を重視した。関西を中心に、西日本に重点をおいて全国に向けて多くの定期借地権付き住宅地開発事業に取り組んでおり、その経験は必ず関係者の事業に役立てることができると考える。

第Ⅲ部を執筆した宮地忠継は、定期借地権制度改善のための相続税通達の改正作業に関係し、かねてより日本の土地制度に深い関心をもち、調査研究を行い、その歴史的な土地制度の中から定期借地権制度に取り組んできた人である。住宅生産性研究会としては、土地についての現在の法律、技術的な問題もさることながら、土地そのものをその歴史的な関係の中で理解することなくして、日本における正しい借地制度の展開はかなわないと考えて、第Ⅲ部の執筆について、全面的にその考え方を支持して委ね、編集したものである。

はしがき、序章および第Ⅰ部を執筆した戸谷英世は、一九七七年建設省建築研究所在任中、住宅抵当金融制度を日本でも実施すべきであると強く認識し、検討をはじめて以来、住宅都市整備公団で土地の需給やニュータウン開発計画、調査に取り組む中で、日本の都市計画、住宅開発の問題が、住宅抵当権制度の実施を妨害しているという認識を高めた。また、愛媛県や大阪府での住宅、建築都市行政に取り組む中で、住宅および住宅地による資産形成の重要性を実感していた。平成六年、住宅生産性研究会を創設して以来、欧米豪の工業先進国の住宅産業技術を日本へ技術移転する取組みをはじめて以来、日本と欧米豪の住宅産業の落差の大きさと、住宅および住宅地開発による国民の資産形成への寄与の相違を一層痛感し、欧米の経験に学ぶ必要性を認め、その技術移転の運動に取り組むことになった。

本書では、これらの著者の経験のうえに、現代の日本の住宅産業の取り組むべき「資産形成のための住宅地開発」に関して、欧米と日本との落差を先進国に倣う方法により埋める現実的方法を取りまとめたものである。

本書は、各執筆者の原稿を、住宅生産性研究会（スコーリック久美子）において、リライト、組み替え、清書を含む編集作業を行い、その結果の原稿について再度、各執筆者に戻し、校正、修正を加えた後、さらに再度住宅生産性研究会において全体を編集し、取りまとめたものである。すべての文責は住宅生産性研究会に帰属する。

また、本書の出版に当たり、かねてより「消費者パワー」の活用を提唱され、現在、行政改革を旗印に掲げている小泉内閣の内閣府特命顧問をされておられる島田晴雄教授から、本書の趣旨にご賛同され、推薦の言葉を頂いたので、冒頭に掲載させて頂いた。

本書の出版は、現下の厳しい出版事情の中で、この種の理論および実践を重視した正統な実務書は、販売見込みが立ち難いこともあって、一般的には事業化は困難とされている。しかも、定期借地権付き住宅地開発事業は、制度発足以来一〇年を経過し、一応この制度について関係者の知悉するところとなり、事業自体が予想どおり伸びずにいることから、単なる定期借地権付き住宅開発事業の解説紹介であるならば、出版対象になる事業ではない。英米での四〇〇年近い定期借地都市的土地利用の歴史とガーデンサバーブ一〇〇年の歴史に学び、定期借地事業の正しい発展に資する事業として本書の出版が取り組まれた。

井上書院関谷社長は、かねてより、本書の著者の著述に関し深い理解をされ、その出版計画を積極的に支持し、出版、販売に尽力され、応分の成果をあげてきた、その実績の上に今回に出版が実現したものである。

住宅生産性研究会一同、本書に推薦の言葉をお寄せ下さった島田教授および出版を実現して下さった関谷社長のご理解、ご協力に深く感謝し、ここにそのことを明記させて頂く。

二〇〇二年五月

定期借地・住宅地経営研究会一同

［参考文献］

○ＮＡＨＢプレス関係（コンストラクションマネジメント基礎テキスト）

『アメリカのコンストラクションマネジメント』レオン・ロジャース著、千田憲司訳、戸谷英世（解説）、井上書院

『住宅建設の工程管理』戸谷英世・千田憲司著、井上書院

『コストコントロール（住宅工事費管理技術）』ジェリー・ハウスホルダー著、戸谷英世訳（解説）、井上書院

『ＴＱＭと現場建設のチェックリスト』戸谷英世著、井上書院

○住宅設計・住宅デザイン

『アメリカン・ハウス・スタイル』ジョン・ミルンズ・ベーカー著、戸谷英世訳、井上書院

○住宅産業

『アメリカの住宅生産』戸谷英世著、住まいの図書館

『新ホームビルダー経営』戸谷英世著、井上書院

『輸入住宅四つの革命』戸谷英世著、井上書院

『「ウサギ小屋」の真実』松田榮夫・戸谷英世著、第三書館

○サスティナブルコミュニティ

『アメリカの住宅地開発』戸谷英世・成瀬大治著、学芸出版社

○住宅生産性研究会発行書籍

「アメリカに学ぶ「住宅建設業経営管理」」

「アメリカンハウススタイル図版集」

「イギリスの住宅デザインとハウスプラン」

「アメリカとカナダの最近住宅デザイン」

「リモデリング手引書（ＮＡＨＢ・ＣＭＨＣ）」

「これからの住宅産業の展望と取り組み」

「サスティナブルハウスの計画と実践」

「サスティナブルハウスホームプラン」

「ホームプランによる注文住宅営業販売から請負契約まで」

「米国の最新住宅地開発」

「住宅紛争処理と瑕疵対策の手引き」（米国の建設業法解説）

「資産価値の上がる徒歩圏のまちＴＮＤs」

「住みよいコミュニティの建設に向けて―概要報告書―」

「サスティナブルコミュニティ住宅地開発の技法」

○住宅生産性研究会発行・国土交通省補助研究関連レポート

「日本の住宅産業体質改革のシナリオ」

「住宅市場システム研究会議事録」

「サスティナブルコミュニティ開発システム研究会成果報告」

［執筆者経歴］（執筆順）

戸谷英世（とたにひでよ）

特定非営利活動法人住宅生産性研究会理事長

一級建築士、技術士（建設部門）

住宅を取得することで国民が幸せになるためには、住宅産業が国民の家計支出（年収の三倍）以下で、年々資産価値の上昇する住宅および住宅地の生産を担いながら、十分な利益をあげ、建設労働者が豊かな生活を営むに足りる労賃を手に入れる環境がつくられることである。この実現のため、欧米の住宅先進国の住宅産業技術の日本への技術移転に取り組んでいる。

著書『アメリカの住宅生産』住まいの図書館、『アメリカの住宅地開発』学芸出版社『アメリカの家・日本の家』井上書院、『「ウサギ小屋」の真実』第三書館ほか

大熊繁紀（おおくましげのり）

株式会社ロッキー住宅代表取締役社長

一九四八年埼玉県さいたま市生れ。

早稲田大学大学院商学部研究科修士課程修了後、大熊繁紀税理士事務所を設立。一九九六年株式会社ロッキー住宅代表取締役に就任、定期借地権による街づくりを開始、日本で初めての一〇〇年定期借地権を実行。一九九九年にはブリックプロダクツトウキョウ株式会社を設立し、代表取締役としてオーストラリアレンガによる乾式工法システムの輸入販売を手掛ける。

小山茂雄（こやましげお）

カメヤグローバル会長

特定非営利活動法人近畿圏定期借地借家推進機構・特別顧問、特定非営利活動法人住宅長期保証支援センター・副理事長

住宅費を世帯年収の一五パーセント以内とすべきであるとの理念で住宅のコストダウンに取り組み、平成五年全国で最初に定期借地権住宅を提唱し事業化した。その後全国多くの定借事業支援を行っている。

住宅の建設では、平成七年にローコスト納得住宅「カトラン」を開発し、そのノウハウをフランチャイズで提供している。平成一三年にフル装備企画住宅「マスタープラン」をプライベートで発表し、一八パーセント粗利での経営コストダウンを提唱している。

住宅の社会ストック化、住宅性能表示制度の普及のために住宅の「七五年継続点検と構造躯体の保証」を提唱し、それを支援するために支援センターをＮＰＯで立ち上げた。

著書『二一世紀の住まい造りバイブル』文芸社

速水英雄（はやみひでお）

カメヤグローバル定借事業支援部長

全国の業者に対して定期借地権事業における地主営業、事業企画、商品開発などの実務コンサルタントとして多くの実績がある。近畿圏定期借地借家推進機構はじめ中部圏、四国圏、九州圏、東北圏、長野県、北陸圏、中国圏、沖縄県など全国に推進機構の設立とＮＰＯ法人化の指導に奔走した。

赤塚高仁（あかつかこうじ）

赤塚建設株式会社代表取締役

中部圏定期借地借家推進機構会員

全国テイシャクチェーン会員

昭和三四年三重県津市生れ、明治大学政治経済学部卒。大手ゼネコンでの営業を経て、ハウスメーカーの下請工務店であった赤塚建設を継ぎ、下請から脱却して「世界標準の住空間造り」に取り組む。

平成六年地元で前例のなかった定期借地権事業に着目。「所有」から「利用」へ。「美しくなければ家ではない」「美しくなければ街ではない」をテーマに、アメリカ、ロスアンゼルスのハウスデザイナー、ランドスケーパーと提携して定期借地権による夢の創造を推進している。

著書『蝸牛が翔んだ時』日本教文社

山下和義（やましたかずよし）

株式会社諌早土地建物代表取締役

九州定期借地借家権推進機構理事

全国テイシャクチェーン会員

土地家屋調査士、計測士

日本の画一化された住宅地開発に疑問を感じつつ、土地を「所有」から「利用」することで、日本の街づくりを根底から変えていきたいという思いから定期借地権付き分譲住宅「じゃぱにーずもだんたうん」を平成一三年に事業化した。同事業は、米国の住宅地開発に見られる風景デザイン（ランドスケープ）という技術を導入しつつ、世界に誇れる日本文化を融合させた街づくりを提唱し、展開している。

宮地忠継（みやちただつぐ）

株式会社耶馬台コーポレーション代表取締役

東京大学法学部卒。三井銀行国際金融部にてレバレッジド・リース（新方式の航空機リース）を開発。ミサワグループに転じ、ミサワバン株式会社取締役定期借地権事業部長。平成八年新進党公認により神奈川11区より衆議院選に立候補し、小泉純一郎氏に決戦を挑むが次点となる。その後独立し、株式会社耶馬台コーポレーションに拠り、日本全国の住宅・不動産業者に対して、業務用の書籍、ソフトウエアを販売している。

自由・独立、つまり国家に頼らない人材、他人に頼らない人材を多く輩出させることにより、わが国は歴史的に持っていた健全性を取り戻すことができることを主張とする。

著書 「新税制下における資産拡大のノウハウ」ぎょうせい・共著、「定期借地権の衝撃」雑誌ビルダーに連載、「我が家を売ろう」週刊住宅新聞に連載、「土地と定借」住宅新報に連載、『住宅・不動産用語辞典』井上書院・編集委員、「日本不動産大革命」月刊不動産に連載

定期借地権とサスティナブル・コミュニティ
二〇〇二年五月二五日　第一版第一刷発行
編著者　定期借地・住宅地経営研究会ⓒ
発行者　関谷　勉
発行所　株式会社井上書院
東京都文京区湯島二-十七-十五　斎藤ビル
電話　〇三-五六八九-五四八一　振替〇〇一一〇-二-一〇〇五三五
印刷所　株式会社ディグ
製　本　誠製本株式会社

ISBN4-7530-2562-4　C3052　Printed in Japan